ISW 25

Berichte aus dem Institut für Steuerungstechnik
der Werkzeugmaschinen und Fertigungseinrichtungen
der Universität Stuttgart

Herausgegeben von Prof. Dr.-Ing. G. Stute

O. KLINGLER

Steuerung spanender Werkzeugmaschinen mit Hilfe von Grenzregeleinrichtungen (ACC)

Springer-Verlag
Berlin · Heidelberg · New York 1979

D 93

Mit 58 Abbildungen

ISBN-13: 978-3-540-09008-3   e-ISBN-13: 978-3-642-81271-2
DOI: 10.1007/978-3-642-81271-2

2362/3020—543210

Vorwort des Herausgebers

Das Institut für Steuerungstechnik der Werkzeugmaschinen und Fertigungseinrichtungen der Universität Stuttgart befaßt sich mit den neuen Entwicklungen der
Werkzeugmaschine und anderen Fertigungseinrichtungen, die insbesondere durch
den erhöhten Anteil der Steuerungstechnik an den Gesamtanlagen gekennzeichnet
sind. Dabei stehen die numerisch gesteuerte Werkzeugmaschine in Programmierung, Steuerung, Konstruktion und Arbeitseinsatz sowie die vermehrte Verwendung des Digitalrechners in Konstruktion und Fertigung im Vordergrund des Interesses.

Im Rahmen dieser Buchreihe sollen in zwangloser Folge drei bis fünf Berichte pro
Jahr erscheinen, in welchen über einzelne Forschungsarbeiten berichtet wird. Vorzugsweise kommen hierbei Forschungsergebnisse, Dissertationen, Vorlesungsmanuskripte und Seminarausarbeitungen zur Veröffentlichung.

Diese Berichte sollen dem in der Praxis stehenden Ingenieur zur Weiterbildung
dienen und helfen, Aufgaben auf diesem Gebiet der Steuerungstechnik zu lösen.
Der Studierende kann mit diesen Berichten sein Wissen vertiefen.

Unter dem Gesichtspunkt einer schnellen und kostengünstigen Drucklegung wird
auf besondere Ausstattung verzichtet und die Buchreihe im Fotodruck hergestellt.

Der Herausgeber dankt dem Springer-Verlag für Hinweise zur äußeren Gestaltung
und Übernahme des Buchvertriebs.

Stuttgart, im Februar 1972

Gottfried Stute

Inhaltsverzeichnis   Seite

<u>Schrifttum</u>

/1/ Autorenkollektiv   ACO-Regelungen für Fräsmaschinen.
                      Forschungsbericht KFK-PDV 83,
                      Gesellschaft für Kernforschung,
                      Karlsruhe, September 1976.

/2/ Victor, H.R.   Zerspankennwerte.
                      Ind.-Anz. 98 (1976)
                      Nr. 102, S. 1825...1830.

/3/ Degner, W.   Spanende Formung.
    Lutze, H.   5. Aufl. Berlin: VEB Verlag
    Smejkal, E.   Technik 1972.

/4/ Pritschow, G.   Ein Beitrag zur technologischen
                      Grenzregelung bei der Drehbear-
                      beitung.
                      Berlin, Techn.Univ., Dr.-Ing.-
                      Diss. 1972.

/5/   Adaptive Control (AC) an spanenden
                      Werkzeugmaschinen.
                      VDI 3426. Düsseldorf: VDI-Verlag 1975.

/6/ Gieseke E.   Adaptive Grenzregelungen mit selbst-
                      tätiger Schnittaufteilung für die
                      Drehbearbeitung.
                      Aachen, Techn.Hochschule, Dr.-Ing.-
                      Diss. 1973.

/7/ Herold, H.H.   Die numerische Steuerung in der
    Maßberg, W.   Fertigungstechnik.
    Stute, G.   Düsseldorf: VDI-Verlag 1971.

- 9 -

/8/ Stute, G.
    Kapajiotidis, N.
       Integration of Adaptive Control Constraint (ACC) into a CNC.
Annals of the CIRP, Vol. 24/1, 1975.

/9/ Stute, G.
       Steuerungen an Werkzeugmaschinen.
ICM Tagungsbroschüre.
Frankfurt: VDW, 1977.

/10/ Stute, G.
     Maier, K.
     Schenke, L.
       Adaptive Control bei Werkzeugmaschinen.
VDW Forschungsbericht Nr. 1004, 1972.

/11/ Stute, G.
     Augsten, G.
       Eine Adaptive-Control-Einrichtung für Drehmaschinen.
wt-Z.ind.Fertig. 62 (1972) Nr. 9, S. 528...532.

/12/ Simon, W.
       Die numerische Steuerung von Werkzeugmaschinen.
2. Aufl. München: Carl Hanser Verlag, 1970.

/13/ Stute, G.
       Bauelemente und Verfahren der Steuerungstechnik.
VDI-Berichte Nr. 166, 1971.

/14/
       Direktsteuerung mit Hilfe von Digitalrechnern.
VDI 3424. Düsseldorf: VDI-Verlag, November 1972.

/15/
       Nahtstelle zwischen der numerischen Steuerung (NC) und der Anpaßsteuerung.
VDI 3422. Düsseldorf: VDI-Verlag, 1972.

/16/ Augsten, G.   Zweiachsige Nachformeinrichtungen.
                          Berlin/Heidelberg: Springer-Verlag,
                          1972.

/17/ Marx, H.-J.   Automatisierung - die heutige Form
     Stute, G.   der Rationalisierung im Industrie-
                          betrieb.
                          VDI-Zeitschrift 109 (1967) 27,
                          S. 1259...1266.

/18/ Stute, G.   DNC-CNC-PC. Der Einsatz von Prozeß-
     Victor, H.   rechnern bei der Steuerung von
                          Werkzeugmaschinen.
                          wt-Z.ind.Fertig. 63 (1973) Nr. 6,
                          S. 323...326.

/19/ Stute, G.   Grundlagen der Prozeßautomatisierung
     u.a.   für die Fertigung/Prozeßsteuerung.
                          Forschungsbericht KFK-PDV 107,
                          Gesellschaft für Kernforschung,
                          Karlsruhe, 1977.

/20/ Stof, P.   Untersuchungen über die Reduzie-
                          rung dynamischer Bahnabweichungen
                          bei numerisch gesteuerten Werkzeug-
                          maschinen.
                          Berlin/Heidelberg: Springer-Verlag,
                          1977.

/21/ Maier, K.   Grenzregelungen an Werkzeugmaschinen.
                          Berlin/Heidelberg: Springer-Verlag,
                          1974.

/22/ Ulrich, P.   Adaptive Regeleinrichtungen an spa-
                      nenden Werkzeugmaschinen aus rege-
                      lungstechnischer Sicht.
                      Fert.technik u. Betrieb 21 (1971)
                      Nr. 10, S. 599...603.

/23/ Götz, F.-R.   AC-Einrichtungen an Werkzeugmaschi-
     Klingler, O.   nen mit selbstanpassendem Regelsy-
     Triantaphyllidis,C. stem und Anschnittsteuerung.
                      Essen: Girardet-Verlag: HGF-Kurz-
                      berichte (Lose-Blattsammlung)
                      Blatt 72/53.

/24/ Götz, F.-R.   Regelsystem mit Modellrückkopplung
                      für variable Streckenverstärkung -
                      Anwendung bei Grenzregelungen an
                      spanenden Werkzeugmaschinen.
                      Berlin/Heidelberg: Springer-Verlag,
                      1977.

/25/ Stute, G.   Anwendung adaptiver Systeme bei
     Götz, F.-R.   spanenden Werkzeugmaschinen.
                      VDI/VDE-AFCET Aussprachetag Indu-
                      strielle Anwendung adaptiver Systeme,
                      Freiburg, 1973, S. 263...278.

/26/ Stute, G.   Adaptive Control bei Werkzeugma-
     Schenke, L.   schinen.
                      VDW-Forschungsbericht Nr. A 2551,
                      1975.

/27/ Klingler, O.   Verfahren zur Schnitterkennung an
                      spanenden Werkzeugmaschinen durch
                      Körperschall.
                      Essen: Girardet-Verlag: HGF-Kurz-
                      berichte (Lose-Blattsammlung)
                      Blatt 74/89.

/28/ Stute, G.
     Klingler, O.
     Schmid, D.

Anforderungen an die Vorschubantriebe im Hinblick auf Adaptive
Control.
Proceedings of the CIRP Seminar on
manufacturing systems, Vol 3 Nr. 1,
1974.

/29/ Stute G.
     Götz, F.-R.
     Klingler, O.
     Maier, K.
     Pflüger, E.

Adaptive Control beim Drehen.
wt-Z.ind.Fertig. 61 (1971)
Nr. 2, S. 89...95.

/30/ Opitz H.
     Aschoff, V.
     Stute, H.
     Stute, G.

Kennwerte und Leistungsbedarf
für Werkzeugmaschinengetriebe.
Forschungsber. des Wirtsch.- u.
Verkehrsminist. Nordrhein-Westf.
Nr. 412, 1958.

/31/ Sniechowski, R.

Leistungsverluste in Werkzeugma-
schinen.
Maschinenmarkt 75 (1969) Nr. 26,
S. 502...504.

/32/

Gleichspannungssignal für elektrische Meß- und Regelanlagen.
DIN 19232, November 1975.

/33/ Stute, G.
     Klingler, O.
     Maier, K.
     Schenke, L.

Untersuchung von Teilproblemen
bei AC-Systemen an Fräsmaschinen.
VDW-Forschungsbericht, Veröffentlichung 1978.

/34/

Direktsteuerung mit Hilfe von
Digitalrechnern.
VDI 3424, Blatt 2. Düsseldorf:
VDI-Verlag, November 1976.

/35/ Stute, G.   Die Lageregelung an Werkzeugmaschi-
                            nen.
                            3. Aufl. Stuttgart: Selbstverlag
                            des Forschungsinstituts für Steue-
                            rungstechnik der Werkzeugmaschinen
                            und Fertigungseinrichtungen in der
                            Institutsgemeinschaft der Univ.
                            Stuttgart e.V., 1975.

/36/ Leonhard, W.   Diskrete Regelsysteme.
                            B·I-Hochschultaschenbücher
                            523/523*.
                            Mannheim: Bibliographisches Institut
                            AG, 1972.

/37/ Stöckmann, P.   Adaptive Regelung einer nockenge-
     Schnell, B.K.   steuerten Drehmaschine.
                            Werkst. u. Betrieb 104 (1971)
                            Nr. 3, S. 151...155.

/38/   Programmaufbau für numerisch gesteuer-
                            te Arbeitsmaschinen.
                            DIN 66025, Blatt 1, Februar 1972,
                            Blatt 2, Mai 1972.

Formelzeichen

a	Beschleunigung, Schnittiefe
A	Bahnabweichung
D	Dämpfungsgrad
f	Frequenz, Funktion
F	Kraft
$F(j\omega)$	Frequenzgang
$F(p)$	Übertragungsfunktion
$F(z)$	Impulsübertragungsfunktion $F(z) = F^*(p)$
I	elektrischer Strom
j	imaginäre Einheit $\sqrt{-1}$
k_S	spezifische Schnittkraft
K	Faktor, Verstärkung
k^*	„dynamische Verstärkung"
K_v	Geschwindigkeitsverstärkung
l	Bahnlänge, Weg
$\overline{l}$	Polygonzug
$l^*, \overline{l}^*$	l, $\overline{l}$ in Abtastzeitpunkten
L	Induktivität
m	Steigung
n	Drehzahl (mit Index), Interpolationsordnung (ohne Index)
p	komplexe Variable
P	Leistung
r	Radius
R	elektr. Widerstand
s	Vorschub
t	Zeit
T	Totzeit, Zeitkonstante
T^*	Periodendauer, Abtastzeit
T'	Ersatztotzeit, -zeitkonstante
u	Vorschubgeschwindigkeit
u^*	u in Abtastzeitpunkten
U	elektr. Spannung
ü	Getriebeübersetzung
v	Schnittgeschwindigkeit
w	Führungsgröße
x	Lagewert in x-Richtung, Regelgröße
y	Lagewert in y-Richtung
z	komplexe Variable $z = e^{pT^*}$
α	Bahnrichtungswinkel
$\delta(t)$	Dirac-Impuls mit der Fläche 1 s
$\delta_T(t)$	Dirac-Impuls mit der Fläche T
Δ	Abstand, Differenz
ε	ganze Zahl (0...e)
$\varkappa$	ganze Zahl (0...k)
μ	ganze Zahl (0...m)
ν	ganze Zahl (0...n)
ζ	Polpaarzahl
φ	Verlustwinkel
$\varphi(j\omega)$	Phasengang
Φ	magnetischer Erregerfluß
ω	Kreisfrequenz, mit Index Kennkreisfrequenz

<u>Mehrfach benutzte Indizes</u>

a	Abtast-		R	Regler
A	Anschnitt-		RS	Regelstrecke
AC	Größen des AC-Systems		s	Sollwert
Anf	Anfangswert		s'-f'	„Führungsabstand"
b	Beschleunigungs-		s-s'	„Laufzeitabstand"
B	Bahn-		S	Schnitt-
Br	Brems-		Sch	Schein-
f	Führungs-		Sp	Spindel-
f-i	Schleppabstand		t	Totzeit
F	Feininterpolator		Tast	Tastachse
gr	Grenzwert		u	Geschwindigkeits-
G	Grobinterpolator		ü	Überschwingweite
Getr	Getriebe		V	Verlust-
H	Halteglied		VA	Vorschubantrieb
HA	Hauptantrieb		W	Wirk
i	Istwert		WZ	Werkzeug
I	Interpolator		Z	Spanungsprozeß
konv	konventionell		ε	Laufindex (1...e)
l	Leerlauf		$\varkappa$	Laufindex (1...k)
L	Linearinterpolator		μ	Laufindex (1...m)
Leit	Leitachse		ρ	Laufindex (1...r)
LR	Lageregelkreis		0	Bezugswert
max	Maximalwert		1,2 ...	Unterscheidung gleich-
mech	mechanische			artiger Größen
min	Minimalwert			
M	Modell			
ME	Meßeinrichtung			
Mot	Motor			
n	Interpolationsordnung			
N	Netz-			
p	programmiert			
P	parabolische Interpola-			
	tion			

Abkürzungen

AC	Adaptive Control
ACC	AC Constraint
ACO	AC Optimization
A/D	Analog-Digital-Umsetzer
ANF	Anfangswert-Setzen
ANF-ST	Anfangswert-Steuern
AP	Arbeitspunkt
AS	Anschnittsignal
B1...B3	Bereiche des F-Worts
BCD	Binary Coded Decimal
BGE	Begrenzung extern
BGI	Begrenzung intern
BR	Bahnregelung
BTR	Behind Tape Reader
CNC	Computer Numerical Control
D	BCD-Dekade
D/A	Digital-Analog-Umsetzer
DNC	Direct Numerical Control
F	Adresse der Vorschubgeschwindigkeit
FI	Feininterpolator
G	Adresse der Wegbedingung
GI	Grobinterpolator
I	Integral-Glied
I,J,K	Adressen für AC-Vorgabeinformationen
Le	Lesen
M	Adresse der Hilfsfunktionen
MPST	Mehrprozessor-Steuersystem
N	Steuerglied
NC	Numerical Control
OG	Oberflächengüte
PI	Proportional-Integral-Glied
PROM	Programmable Read Only Memory
PT1	Verzögerungsglied 1. Ordnung
PT2	Verzögerungsglied 2. Ordnung
RAM	Random Access Memory
RE	Rechnen
RS	Regelstrecke
RST	Reststeuerung
S	Schreiben
SP	Speicher, speichern
SR	Schieberegister
ST-I, -J,-K	Schiebetakte für die Adressen I,J,K
T	Werkzeugadresse
TG	Tachogenerator
U/f	Spannungs-Frequenz-Umsetzer
ÜT-I, -J,-K	Übernahmetakte für die Adressen I,J,K
VGI	Vorgabeinformationen
VGI-B	bearbeitungsabhängige VGI
VGI-WZ	werkzeugabhängige VGI
VGS	Vorgabeschaltfunktionen
VGW	Vorgabewerte
WS	Werkstück
WZ	Werkzeug
WZM	Werkzeugmaschine
ZG	Zeitglied
ZSP	Spanungs-, Zerspanprozeß

1 Einleitung und Aufgabenstellung

1.1 Einleitung

Für die Fertigung auf spanenden Werkzeugmaschinen (WZM), insbesondere für die Schruppbearbeitung, wurden in den letzten Jahren an verschiedenen Stellen - Industrie, Universitäten und in Zusammenarbeit beider - Einrichtungen zur selbsttätigen Führung des Bearbeitungsprozesses mit dem Ziel entwickelt, die Produktivität und Wirtschaftlichkeit der Fertigungseinrichtungen zu erhöhen. Die auslösenden Gesichtspunkte dieser Entwicklung sind darin zu sehen, daß die Führung des Bearbeitungsprozesses mit vorherbestimmten und fest vorgegebenen Einstellwerten (konventionelles Spanen) der Forderung nach einer wirtschaftlichen Nutzung der investitionsintensiven Fertigungseinrichtungen in vielen Fällen nur ungenügend nachkommen kann. Die Ermittlung aus ökonomischer Sicht günstiger bzw. optimaler Einstellwerte ist aufgrund bekannter Zusammenhänge zwischen den Einstellwerten, dem Werkzeugverschleiß und der Fertigungskosten /1/ für bestimmte Bearbeitungsbedingungen grundsätzlich möglich. Sie können jedoch vielfach nicht eingehalten werden, da die Einflußgrößen auf den Zerspanprozeß innerhalb eines Bearbeitungsabschnitts variieren können /2,3/. Die Einstellwerte müssen daher nach den im ungünstigsten Fall möglichen Zerspanbedingungen ausgerichtet werden.

Die selbsttätige Führung des Bearbeitungsprozesses durch die Erfassung von Prozeßkenngrößen und Veränderung von Stellgrößen ist unter dem Begriff Adaptive Control (AC) eingeführt /5/. Die relativ größte Verbreitung haben bisher die sogenannten ACC(Adaptive Control Constraint)-Systeme erreicht. Als Folge der Forderung nach geringen Investitionskosten sind diese Systeme durch ihre „einfache" Struktur gekennzeichnet: Verwendung einer Stellgröße, i.a. Vorschubgeschwindigkeit, und einer Kenngröße als Maß der Auslastung der Fertigungseinrichtung.

Die ausgeführten ACC-Einrichtungen können in zwei Gruppen
eingeteilt werden. Zur ersten Gruppe sind Lösungen für
numerisch gesteuerte (NC) Werkzeugmaschinen (WZM) zu zäh-
len, die entweder als ein Software-Baustein /8/ einer
speicherprogrammierten NC oder als ein Mikroprozessorbau-
stein eines Mehrprozessor-Steuersystems /9/ realisiert sind.
Die zweite Gruppe umfaßt Einrichtungen, die als Zusatz-
geräte mit bisher vorwiegend analoger Signalverarbeitung,
unabhängig von der Art der Programmsteuerung einer WZM
Einsatz finden können.

Innerhalb dieser Arbeit sollen ACC-Einrichtungen der zweiten
Gruppe behandelt werden.

1.2 Aufgabenstellung

Die allgemeinen Zielsetzungen der in der Literatur, z.B.
/10,11/, bekannt gewordenen ACC-Systeme sind:

1. Erfüllung der ACC-spezifischen Aufgaben, d.h. der Überwachung des Bearbeitungsprozesses und der Auslastung der
   Fertigungseinrichtung.

2. Selbsttätiges Erkennen schnittfreier Wege im Vorschubbe-
   reich und ihre Überbrückung mit einer möglichst hohen Vorschubgeschwindigkeit.

3. Verringerung des Aufwandes bei der Ermittlung der Schnitt-
   werte und der Programmerstellung.

Eine Aufgabe dieser Arbeit ist es, Lösungen für ACC-Systeme
und ihre Einrichtungen zu zeigen, die über die genannten
Zielsetzungen hinausgehend folgende Anforderungen erfüllen:

1. Einsatz an allen programmgesteuerten WZM, unabhängig von
   der Steuerungsart (Nocken-, Nachform- und numerische
   Steuerung).

2. Einsatz beim Bearbeiten eines Werkstücks mit einem oder
   mehreren Werkzeugen - Mehrschnitt- und Mehrwegbearbeitung.

3. Verwendung von Prozeßkenngrößen und Sensoren, die unabhängig von der konstruktiven Ausführung der WZM und der
   Werkzeuge Einsatz finden können.

4. Festgelegte Schnittstellen der ACC-Einrichtung zum Bearbeitungsprozeß und zur Steuerung der WZM.

Die genannten Zielsetzungen und Anforderungen setzen eine
Analyse des Bearbeitungsprozesses und seiner Steuereinrich-
tungen in zweierlei Hinsicht voraus:

1. Steuereinrichtung als Informationskanal.

2. Steuereinrichtung und Bearbeitungsprozeß als Teil der
   Regelstrecke.

Die Arbeiten auf dem ACC-Gebiet waren bisher im wesentlichen
durch die Entwicklung geeigneter Sensoren, Regelstrategien
und -einrichtungen sowie durch die Untersuchungen des Zerspanprozesses und des Zeitverhaltens des „technologischen
Regelkreises" bestimmt. Wenig Beachtung fand das Problem
des Zusammenwirkens vor allem der gegenseitigen Beeinflussung der Geometrieerzeugung und der technologischen Regelung.
Die Behandlung dieses Problems ist eine weitere Aufgabe der
vorliegenden Arbeit.

2 Die Führung des Bearbeitungsprozesses

2.1 Allgemeines

In der automatischen spanenden Fertigung sind unterschiedliche
Fertigungseinrichtungen im Einsatz, als Unterscheidungsmerkmale können die Steuerungsart, der konstruktive Aufbau der
Werkzeugmaschine (WZM) und das Spanungsverfahren betrachtet
werden. Hier soll der Einsatz von ACC-Einrichtungen an Fertigungseinrichtungen mit den in <u>Bild 2-1</u> zusammengestellten
Merkmalen gezeigt werden. Es sind also allgemein programmge-
steuerte WZM /7/ zu betrachten, deren Kennzeichen die Bearbeitung eines Werkstücks („Einstückbearbeitung") bzw. mehrerer
Werkstücke gleichzeitig („Mehrstückbearbeitung") ist. Ein wei-
teres Kennzeichen ist die Bearbeitung der Werkstücke mit einem

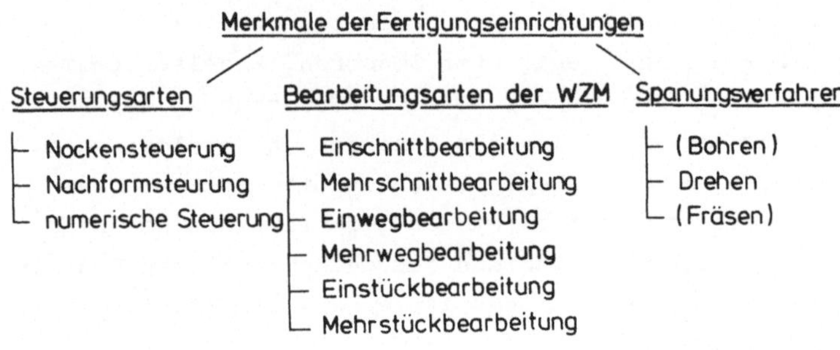

<u>Bild 2-1:</u> Merkmale von Fertigungseinrichtungen

Werkzeug („Einschnittbearbeitung") bzw. mehreren Werkzeugen
(„Mehrschnittbearbeitung") gleichzeitig, wobei die Werkzeuge
von einer Vorschubeinheit („Einwegbearbeitung") bzw. mehreren
Vorschubeinheiten („Mehrwegbearbeitung") geführt sein können.

In dieser Arbeit wird eine Fertigungseinrichtung in folgende
vier Bereiche eingeteilt (<u>Bild 2-2</u>):

1. Steuerdatenspeicher
2. Steuerdatenaufbereitung
3. Führung des Bearbeitungsprozesses
4. Bearbeitungsprozeß

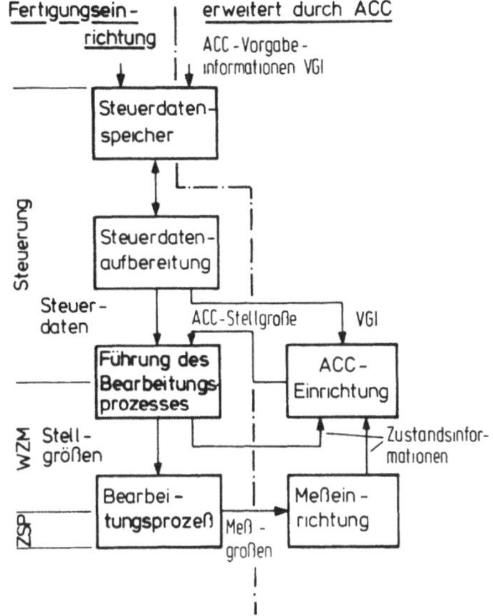

Bild 2-2:

Bereiche einer

Fertigungsein-

richtung

VGI   Vorgabeinformationen

WZM   Werkzeugmaschine

ZSP   Spanung

Diese Einteilung ist aus der Sicht der Betrachtung der
Funktionsweise eines ACC-Systems, der Übergabe der ACC-
Steuerdaten an die ACC-Einrichtung und des Zeitverhaltens
der Glieder des technologischen Regelkreises zweckmäßig.

Der Steuerdatenspeicher enthält alle Informationen, die zum
Einstellen eines gewünschten Betriebszustandes der WZM (z.B.
Schaltung von Getrieben, Auswahl eines Werkzeugs) und zur
Führung des Bearbeitungsprozesses, d.h. zur Erzeugung von
Stellgrößen für die Spanung und zur Beschreibung der Be-
wegung des Werkzeugs relativ zum Werkstück, benötigt werden.

Die Steuerdatenaufbereitung ist in erster Linie eine Funktion der numerischen Steuerungen, hier werden die Daten u.a.
decodiert, geprüft und transformiert.

Der Bereich „Führung des Bearbeitungsprozesses" verarbeitet
die aufbereiteten Steuerdaten zu Stellgrößen für den Bearbeitungsprozeß. Seine wesentlichen Bestandteile sind die
„Steuerung der Vorschubbewegung" und die „Steuerung der
Schnittbewegung". Betrachtet man die gleichzeitige Bearbeitung
mehrerer Werkstücke (1...m) mit mehreren Werkzeugen, die von
mehreren Vorschubeinrichtungen (1...k) bewegt werden, als den
„allgemeinen Fall der Bearbeitung" auf einer WZM, so erfolgt
die Führung des Bearbeitungsprozesses mit den technologischen
Steuerdaten Soll-Drehzahlen $n_{s,\mu}$ ($\mu = 1...m$) und Soll-Vor-
schubgeschwindigkeiten $u_{B,s,\varkappa}$ ($\varkappa = 1...k$) sowie mit den geometrischen Steuerdaten $f_{s,\varkappa}(x,y) = 0$, welche die Bahnen der
Vorschubbewegungen beschrieben. Als „Vorschubeinrichtung" wird
hier eine Anordnung von Vorschubeinheiten bezeichnet, die eine
Bahnbewegung des Werkzeugs relativ zum Werkstück auszuführen
erlaubt. Die einzelnen Vorschubeinrichtungen haben, aus der
Sicht der Verarbeitung der geometrischen Steuerdaten, keinen
funktionalen Zusammenhang /12/.

Die Istwerte der Vorschubgeschwindigkeiten $u_{B,i,\varkappa}$ und der
Drehzahlen der Hauptspindeln $n_{Sp,\varkappa}$ sind die Eingangsgrößen,
hier als Stellgrößen bezeichnet, des Bearbeitungsprozesses.
Der Bearbeitungsprozeß selbst besteht aus den Spanungsvor-
gängen und allen durch die Spanungsvorgänge mechanisch be-
lasteten und energetisch gekoppelten Maschinenelemente,
Stellglieder, Werkzeuge und Werkstücke.

2.2 Führung des Bearbeitungsprozesses mit ACC

Die Führung des Bearbeitungsprozesses als Mehrstück-, Mehr-
weg- und Mehrschnittbearbeitung mit einer ACC-Einrichtung
stellt die Frage, inwieweit der ACC-Einsatz an derartigen
Bearbeitungsprozessen grundsätzlich möglich und sinnvoll ist.
Die Frage kann nur dann positiv beantwortet werden, wenn es
gelingt, den „Gesamt-Bearbeitungsprozeß" derart in „Teil-
Bearbeitungsprozesse" aufzuteilen, daß diese durch eine ACC-

Einrichtung steuerbar werden. Dies ist der Fall, wenn die
Kenngröße den Zustand des „Teil-Bearbeitungsprozesses" hin-
reichend genau wiedergibt und im eindeutigen Zusammenhang
zur Stellgröße steht.

Bild 2-3 zeigt einige grundsätzliche Möglichkeiten der Führung des Bearbeitungsprozesses mit ACC. Die einzelnen Strukturen sind bestimmt durch die Wahl der Kenngröße und die
Vorgabe der Stellgröße.

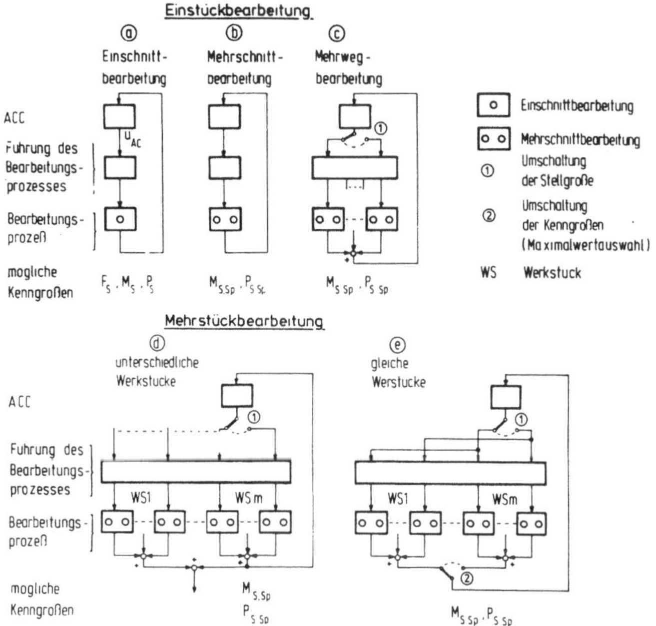

Bild 2-3: Prinzipielle Möglichkeiten der mit ACC geregelten
Führung des Bearbeitungsprozesses als Mehrstück-,
Mehrweg- und Mehrschnittbearbeitung

Der Fall ⓐ, Einschnittbearbeitung, gibt die übliche Struktur der ACC-Regelkreise wieder, bei denen ein Werkzeug/
Werkstück-System vorhanden ist. Hier kann eine der Kenngrößen Schnittkraft F_S, Schnittdrehmoment M_S oder Schnittleistung P_S zur Regelung verwendet werden. Alle übrigen

Fälle sind dadurch gekennzeichnet, daß mehrere Werkzeug/
Werkstück-Systeme wirksam sind. Aus der Sicht des industriel-
len Einsatzes eines ACC-Systems scheidet die Verwendung der
Schnittkraft F_S als Kenngröße aus, da sie an mehreren Werkzeugen gemessen werden müßte. Die Vielfalt der Werkzeugaus-
führungen, Spannvorrichtungen und der häufige Werkzeugwechsel (Verschleiß) erlauben im derzeitigen Stand der Sensor-
entwicklung nicht, die Werkzeuge und ihre Spannvorrichtungen
mit Sensoren zu bestücken.

Geeignete Kenngrößen sind dagegen die auf das Werkstück bzw.
die Spindel (Hauptantrieb) wirkenden Größen $M_{S,Sp}$ oder
$P_{S,Sp}$. Sie geben im Fall ⓑ und ⓒ die Belastung der WZM wieder.
Einzelne Werkzeuge können, wenn mehrere Werkzeuge im Schnitt
sind, nicht überwacht werden. Hieraus folgen Forderungen in
Bezug auf die einzusetzenden Werkzeuge (Belastbarkeit), die
Gestaltung des Steuerprogramms der WZM und die einzugebenden
Soll- und Grenzwerte für die technologische Regelung. Bei der
Gestaltung des Steuerprogramms ist z.B. zu vermeiden, daß
vorübergehend ein einziges, wenig belastbares Werkzeug im
Schnitt ist.

Die Struktur der Bearbeitung im Fall ⓒ (Bild 2-3) ist dadurch gekennzeichnet, daß mehrere Vorschubeinrichtungen an
der Bearbeitung eines Werkstücks beteiligt sind. Da die Vorschubeinrichtungen keinen funktionalen Zusammenhang haben und
unterschiedliche Bearbeitungsaufgaben erfüllen, können sie
nicht gleichzeitig mit u_{AC} gesteuert werden. Die ACC-Einrichtung kann jedoch nacheinander für einzelne Bearbeitungsabschnitte unterschiedliche Vorschubeinrichtungen steuern. Es
ist jeweils die Vorschubeinrichtung auszuwählen, welche den
größten Anteil an der Gesamtbelastung der WZM trägt. Die
Kenngrößen $M_{S,Sp}$ bzw. $P_{S,Sp}$ enthalten neben der Belastung der
ACC-gesteuerten Vorschubeinrichtung auch die Belastungen der
übrigen Vorschubeinrichtungen.

Die Fälle ⓓ und ⓔ im Bild 2-3 zeigen Strukturen der Mehrstückbearbeitung mit ACC. Im Fall ⓓ , Bearbeitung unter-
schiedlicher Werkstücke, ist die ACC-Einrichtung einem Werkstück zugeordnet. Die Struktur des ACC-Systems entspricht
daher der im Fall ⓒ. Die Zuordnung Werkstück/ACC-Einrichtung
kann für einzelne Bearbeitungsabschnitte geändert werden (im
Bild nicht dargestellt).

Eine gegenüber der Struktur ⓓ grundsätzlich andere Steuerung
des Bearbeitungsprozesses durch ACC ist möglich bei der Bearbeitung gleicher Werkstücke (Fall ⓔ). Hier können jeweils die
Vorschubeinrichtungen mit Werkzeugen, die die gleiche Bearbeitung ausführen, simultan durch die ACC-Stellgröße gesteuert
werden. Eine Voraussetzung ist die selbsttätige Auswahl der
größten Kenngröße der einzelnen Werkstückbearbeitungsvor-
gänge. Diese Struktur kann ebenfalls an mehreren simultan
gesteuerten Werkzeugmaschinen Einsatz finden (Mehrmaschinen-
steuerung).

Diese Ausführungen zeigen, daß den Strukturen ⓓ und ⓔ die
Struktur ⓒ zugrunde liegt. In den folgenden Betrachtungen
wird daher die Struktur ⓒ als der allgemeine Fall der ACC-
Bearbeitung angesehen. Die Fälle ⓐ und ⓑ sind Sonderfälle
von ⓒ .

Aus dem Bild 2-2, das den durch den Einsatz eines ACC-Systems
erweiterten Informationsfluß eines Fertigungssystems zeigt,
folgt die im <u>Bild 2-4</u> dargestellte prinzipielle Struktur
eines technologischen Regelkreises. Die Eingangsgrößen der
ACC-Einrichtung sind:

- Vorgabeinformationen (VGI). Sie beschreiben die von vornherein bekannten Eigenschaften des Fertigungssystems wie Belastungsgrenzen der WZM und der Werkzeuge sowie durch die
  Sollwerte das Ziel der technologischen Regelung.

- Zustandsinformationen. Sie enthalten neben dem die mechanische Auslastung wiedergebenden Meßwert Informationen über

den Betriebszustand (z.B. Getriebestellung),sowie weitere
Meßwerte, die als „Hilfskennwerte" verarbeitet werden,
z.B. die Spindeldrehzahl.

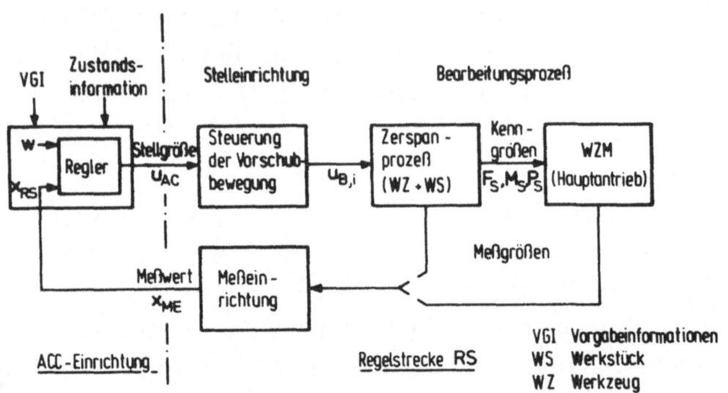

Bild 2-4: Prinzip eines technologischen Regelkreises

Aus Bild 2-2 ist zu ersehen, daß die Eingabe der VGI in
die ACC-Einrichtung über den Steuerdatenspeicher erfolgt.
Diese Art der Eingabe erlaubt die Verwendung einheitlicher
Datenspeicher für alle Informationen und ist daher anzustreben.

2.3 Folgerungen für die ACC-Anwendung

Unter gewissen Bedingungen ist der Bearbeitungsprozeß als
Einweg- und Mehrschnittbearbeitung durch eine ACC-Einrichtung
mit der Stellgröße u_{AC} steuerbar. Geeignete Kenngrößen sind
die auf das Werkstück bzw. die Spindel wirkenden Größen Drehmoment $M_{S,Sp}$ bzw. Leistung $P_{S,Sp}$. Bei der Mehrstückbearbeitung gleicher Werkstücke können jeweils die Vorschubeinrichtungen mit Werkzeugen, die die gleiche Bearbeitung ausführen,
simultan gesteuert werden.

Die Funktion „Führung des Bearbeitungsprozesses", insbesondere
die „Steuerung der Vorschubbewegung", sowie der Bearbeitungsprozeß sind Glieder der Regelstrecke eines technologischen

Regelkreises. Die VGI werden aus dem Steuerdatenspeicher
über die Steuerung an die ACC-Einrichtung übergeben. Daraus
ergeben sich folgende Aufgaben für die nächsten Abschnitte:

1. Betrachtung der Steuerungsarten (Bild 2.1) in Bezug auf
   die „Steuerung der Vorschubbewegung" und der Möglichkeit der Eingabe der VGI.

2. Betrachtung der Mehrweg- und Mehrschnittbearbeitung als
   Übertragungsglied.

3 Kennzeichen der Steuerungen von WZM

In diesem Kapitel sollen die grundsätzlichen Eigenschaften
der Steuerungen von WZM zusammengestellt werden, die für den
Entwurf einer ACC-Einrichtung wesentlich sind. Im einzelnen
sind die Steuerungen unter folgenden Gesichtspunkten zu betrachten:

- Eingabe, Verarbeitung und Ausgabe der VGI,
- Eingabe der ACC-Stellgröße,
- Zeitverhalten der „Steuerung der Vorschubbewegung".

Faßt man unter dem Begriff Steuerung alle Einrichtungen zusammen, die dem automatischen Informationsfluß zur Maschine
dienen, so können diese einzelnen Steuerungsebenen mit definierten Aufgaben zugeordnet werden (Bild 3-1) /13/. Daraus
folgt eine horizontale Funktionsgliederung der Steuerungen
an WZM, die von der gerätetechnischen Realisierung und Zuordnung der Funktionen losgelöst ist.

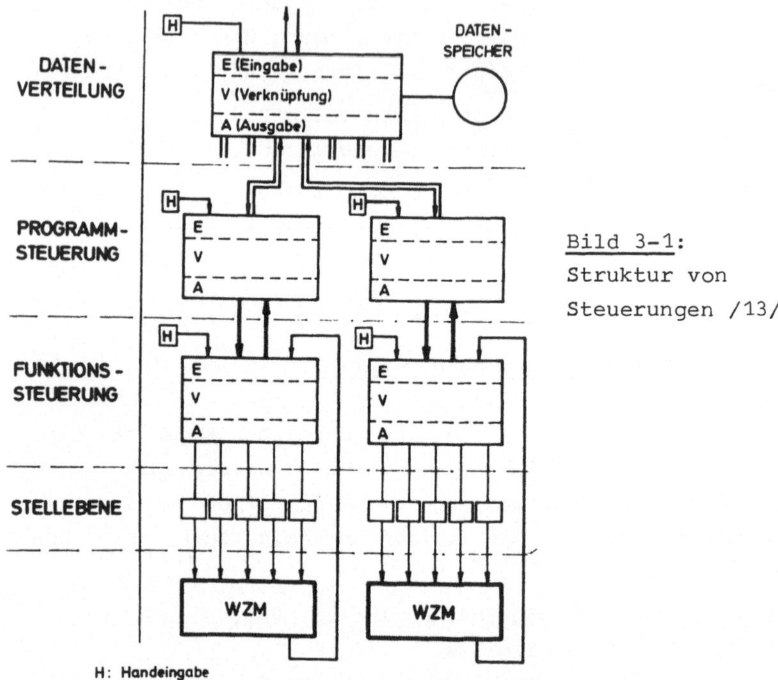

Bild 3-1:
Struktur von
Steuerungen /13/

Während die oberste Ebene Datenverteilung nur bei Rechner-
direktsteuerungen (DNC) /14/ automatisiert ist, sind die un-
teren Steuerungsebenen stets Bestandteile eines automati-
sierten Fertigungssystems. Das wesentliche Kennzeichen der
hier zu betrachtenden Steuerungen ist daher das Vorhanden-
sein der Ebene Programmsteuerung. Die Ausführungsarten dieser Ebene sind bestimmend für die Steuerungsarten von WZM.
Ein wesentliches Unterscheidungskriterium ist die Speicherung
und Verarbeitung der geometrischen Steuerdaten /7/. Danach
sind zu unterscheiden:

1. Programmsteuerungen mit <u>analoger</u> Speicherung und Verarbeitung der geometrischen Steuerdaten - konventionelle Programmsteuerungen und

2. Programmsteuerungen mit <u>digitaler</u> Verarbeitung und Speicherung der geometrischen Steuerdaten
   - numerische Programmsteuerungen.

Die im folgenden verwendeten Begriffe konventionelle bzw.
numerische Steuerung sagen aus, daß die Informationsverar-
beitung in der Steuerungsebene Programmsteuerung analog bzw.
digital erfolgt.

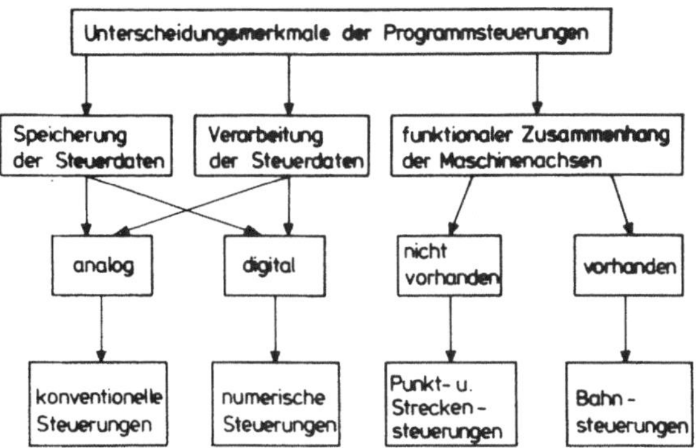

<u>Bild 3-2</u>: Einteilung der Programmsteuerungen

Einen weiteren Aufschluß über die Eigenschaften der Programmsteuerungen, insbesondere die Steuerung der Vorschubbewegung,
liefert die Aussage über den funktionalen Zusammenhang /12/
der Maschinenachsen (Bild 3-2). Danach sind zu unterscheiden
Punkt-, Strecken- und Bahnsteuerungen. Sie können an WZM
gleichzeitig realisiert sein, so z.B. die Punktsteuerung zur
Ausführung einer Anstellbewegung und die Streckensteuerung
zur Ausführung der anschließenden Vorschubbewegung (Bohrbear-
beitung). Ein Beispiel aus der Drehbearbeitung ist ein Mehr-
wegautomat, dessen eine Vorschubeinrichtung über eine Nach-
formeinrichtung bahngesteuert und die andern Vorschubeinheiten über Nocken streckengesteuert bewegt werden. Für die ACC-
Anwendung ist der funktionale Zusammenhang der Maschinenachsen der Vorschubeinrichtung zu betrachten, die die ACC-
Stellgröße als Sollwert verarbeitet.

Da bei Streckensteuerungen die Vorschubbewegung lediglich in
der Geschwindigkeit gesteuert oder geregelt erfolgt /7/, ist
hier die Aufgabe der Programmsteuerung im wesentlichen darauf
beschränkt, programmabhängig den Sollwert für die Vorschub-

einrichtung durchzuschalten (<u>Bild 3-3</u>). Im Gegensatz dazu erfüllt die Programmsteuerung der Bahnsteuerungen die Aufgabe,
den durch die Steuerdaten $u_{B,s}$ und $f_s(x,y)=0$ beschriebenen Zusammenhang der Maschinenachsen über eine sogenannte Führungsgrößenerzeugung aufzulösen und Sollwerte für einzelne lagege-
regelte Maschinenachsen zu erzeugen (Bild 3-3). Daraus folgt

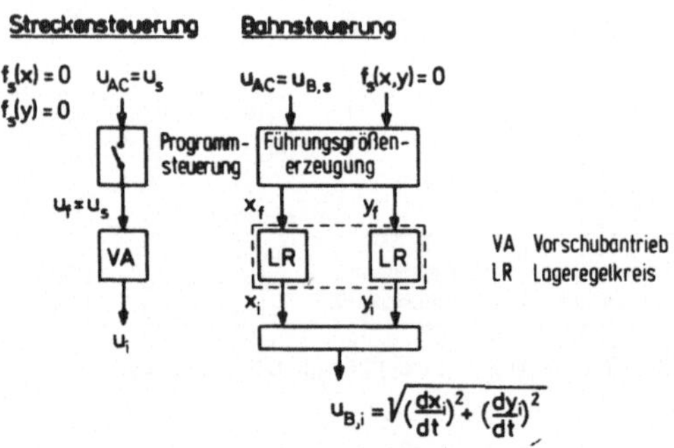

<u>Bild 3-3</u>: Steuerung der Vorschubbewegung

ein von der Art der Programmsteuerung abhängiges Zeitverhalten der „Steuerung der Vorschubbewegung", also oder Übertragungsfunktion

$$F(p) = u_{B,i}(p) / u_{B,s}(p) \text{ bzw. } = u_i(p) / u_s(p) \qquad (3-1)$$

im technologischen Regelkreis.

Die Art der Realisierung der Ebene „Funktionssteuerung" - fest-
verdrahtet, speicherprogrammiert /9/ - ist für die ACC-Anwendung unwesentlich. Hier wird davon ausgegangen, daß die
Schnittstellen der Funktionssteuerung der VDI-Richtlinie
VDI 3422 /15/ entsprechen. Gemäß der Aufgabe der Funktionssteuerung, Verarbeitung von Maschinenfunktionen zu Stellsig-
nalen, sind in dieser die Informationen über den Betriebszustand der WZM enthalten und sind von hier aus der ACC-Einrichtung zu übergeben (Schnittstelle).

3.1 Konventionelle Steuerungen

3.1.1 Speicherung der Vorgabeinformationen VGI

An konventionellen Steuerungen sind die Steuerdaten in analogen Speichern (Nockenbahnen, Schablonen) abgelegt. Da diese Speicher zur Aufnahme der VGI nicht geeignet sind, sind an dieser Steuerungsart besondere ACC-Einstelleinheiten als analoge Speicher für die VGI einzusetzen. Die ACC-Einstelleinheit ist so zu konzipieren, daß sie die VGI für einzelne Bearbeitungsabschnitte einer Bearbeitungsfolge aufnehmen kann. Die Auswahl der jeweils aktuellen VGI, z.B. abhängig von der Revolverstellung eines Drehautomaten, und ihre Übergabe an die ACC-Einrichtung ist eine Aufgabe der Funktionssteuerung. Die Funktionssteuerung bildet daher eine Schnittstelle zur ACC-Einstelleinheit und zur ACC-Einrichtung.

3.1.2 Steuerung der Vorschubbewegung

Die Steuerung der Vorschubbewegung an konventionell gesteuerten WZM ist durch das Bild 3-3 beschrieben. Die ACC-Stellgröße kann direkt als analoge Spannung vorgegeben werden,
$u_{AC} = u_S$ bzw. $u_{AC} = u_{B,S}$.

Als Bahnsteuerungen sind an konventionell gesteuerten WZM Nachformsysteme im Einsatz, die als

- einachsige,
- „quasi-zweiachsige" (einachsige mit Umschaltung der Leit- und Tastrichtung) und
- zweiachsige Nachformsysteme

ausgeführt sind /16/.

Während das Zeitverhalten der Steuerung der Vorschubbewegung (Glg.(3-1))bei der Streckensteuerung allein durch das Zeitverhalten des Vorschubantriebs VA (Bild 3-3) bestimmt ist, sind bei den Bahnsteuerungen mit Nachformsystemen eine Vielzahl von Einflüssen auf das Zeitverhalten (Anzahl der Achsen, physikalische Ausführung, Nichtlinearitäten /16/) zu berücksichtigen. Eine allgemeine Aussage zum Zeitverhalten ist daher nicht möglich. Die in der Literatur bekannten Untersuchungen der Nachformsysteme betreffen vorwiegend das Führungsverhalten der Lageregelung bezüglich der durch die Schablone $f_s(x,y)=0$ vorgegebenen Sollwerte x_s,y_s. Das hier interessierende Zeitverhalten nach Glg.(3-1) ist nicht behandelt und muß daher im Einzelfall durch Messung der Übergangsfunktion oder des Frequenzgangs ermittelt werden.

3.2 Numerische Steuerungen (NC)

Innerhalb der numerischen Steuerungen ist eine Vielzahl von Ausführungsarten der Steuerungen im praktischen Einsatz und in der Entwicklung. Die einzelnen Lösungen sind durch die unterschiedliche Realisierungsart der Steuerungsebenen (Bild 3-1) gekennzeichnet. Für die ACC-Anwendung an NC-WZM sind die Steuerungsarten nach den im Eingang dieses Kapitels genannten Gesichtspunkten zu betrachten.

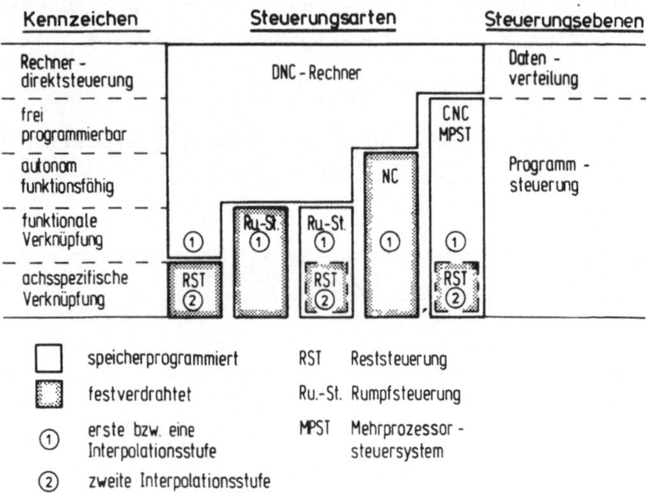

Bild 3-4: Einteilung der numerischen Steuerungen

<u>Bild 3-4</u> gibt eine Übersicht der numerischen Steuerungen und der eingeführten und hier benutzten Bezeichnungen. Die Übersicht ist nach der Verwirklichung der Steuerungsebenen und nach Ordnungsbegriffen, welche die jeweilige Ausführungsart kennzeichnen, gegliedert /9,14,18/.

3.2.1 Speicherung der Vorgabeinformationen (VGI)

An numerischen Steuerungen sind Datenspeicher im Einsatz, die zur Aufnahme der VGI geeignet sind. Es ist daher anzustreben, diese Speicher für die ACC-Anweisungen zu verwenden. In diesem Fall werden die VGI über die an der NC vorhandene Eingabeart, z.B. über Lochstreifen oder direkt vom DNC-Rechner, an die Programmsteuerung übergeben. Sie sind hier in codierter Form für die ACC-Einrichtung verfügbar. D.h. die Programmsteuerung bildet bezüglich der VGI eine Schnittstelle zur ACC-Einrichtung. Diese Schnittstelle wird zusammen mit verschiedenen Möglichkeiten der Eingabe und Programmierung der VGI in Kapitel 7 behandelt.

3.2.2 Die „Steuerung der Vorschubbewegung"

Die grundsätzlichen Strukturen der „Steuerung der Vorschubbewegung" an programmgesteuerten WZM sind durch das Bild 3-3 beschrieben. Die Streckensteuerung an NC-WZM ist durch die Aussage bezüglich der Streckensteuerung an konventionell gesteuerten WZM ausreichend beschrieben (s. 3.3.2). Die Bahnsteuerung an NC-WZM ist dadurch gekennzeichnet, daß die Führungsgrößenerzeugung für die Lageregelkreise einzelner Maschinenachsen mit Hilfe von Interpolatoren erfolgt. Hieraus ergeben sich Folgerungen für das Zeitverhalten der Steuerung der Vorschubbewegung, d.h. auf die Übertragungsfunktion nach Glg. (3-1). Im einzelnen sind folgende Einflüsse zu berücksichtigen:

1. Interpolationsarten /7/: lineare, zirkulare und parabolische Interpolation,

2. Anzahl der Interpolationsstufen /19/: einstufige, zweistufige Interpolation,

3. Führungsgrößenbeeinflussung /20/ und

4. Zeitverhalten der Lageregelkreise.

In der Literatur sind die Führungsgrößenerzeugung, die Führungsgrößenbeeinflussung und die Lageregelung analysiert und untersucht /7,12,19,20,35/. Die Untersuchungsergebnisse lassen jedoch keinen unmittelbaren Schluß auf das hier gesuchte Zeitverhalten der Steuerung der Vorschubbewegung zu, da bei den Betrachtungen der Sollwert der Bahngeschwindigkeit als konstant angesehen wird.

Bild 3-5a) gibt das Blockschaltbild der Steuerung der Vorschubbewegung wieder. Es beschreibt die zwei Bereiche

- Erzeugung der Führungsgröße l_f (Weg auf der Führungsbahn) und
- Bahnregelung (Lageregelung mehrerer Maschinenachsen).

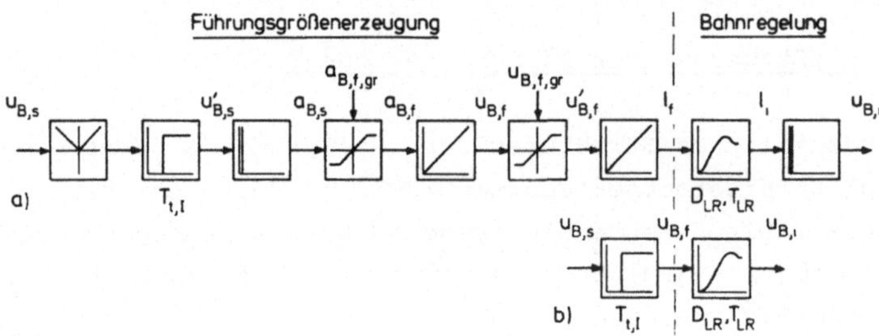

Bild 3-5: Steuerung der Vorschubbewegung an bahngesteuerten
          NC-WZM

Die Erzeugung der Führungsgröße l_f erfolgt mit einer, an numerischen Steuerungen häufig eingesetzten und unter dem Begriff „Slope" bekannten, Führungsgrößenglättung durch Beschleunigungsbegrenzung /20/. Der Beschleunigungsgrenzwert ist $a_{B,f,gr}$. Die Interpolation ist wiedergegeben durch ein Totzeitglied mit der Totzeit $T_{t,I}$ und ein Integralglied, welches die Führungsbahngeschwindigkeit $u_{B,f}$ zum Führungs-

weg l_f integriert. Das erste Glied des Blockschaltbildes -
Betragsbildung mit Begrenzung - beschreibt zwei Eigenschaften der Bahnsteuerungen:

1. Der Steuerung wird der Betrag der Bahngeschwindigkeit
   eingegeben, d.h. die ACC-Stellgröße ist auf einen Quadranten begrenzt, und

2. die ACC-Stellgröße kann innerhalb der Führungsgrößenerzeugung auf einen oberen Wert $u_{B,s,gr}$ begrenzt sein
   („externe Begrenzung" der Stellgröße).

Die erste der genannten Eigenschaften hat zur Folge, daß für
die Steuerung der Geschwindigkeit beim Anschnitt eine „opti-
male Steuerung" /33/ des Anschnittvorgangs nicht eingesetzt werden kann.

Mögliche Ursachen für die zweite Eigenschaft der Führungsgrößenerzeugung sind:

- das Positionieren der Maschinenachsen, z.B. beim Fahren
  von Ecken mit programmiertem Halt,
- der Geschwindigkeitsstellbereich einer oder mehrerer Achsen
  ist erreicht,
- zulässiger Schleppabstand ist erreicht und
- Wartezeit beim Einlesen der Steuerdaten vom Lochstreifen,
  wenn kein Pufferspeicher für die Steuerdaten eingesetzt ist.

Die „externe Begrenzung" hat ebenso wie die „interne Begren-
zung" der ACC-Stellgröße zur Folge, daß der ACC-Regler (PI-
Verhalten) gesteuert werden muß (s.5.3.4.2). D.h., der ACC-
Einrichtung ist der Zustand „externe Begrenzung" zu melden.
Da dieser Zustand i.a. eine Unterbrechung der Interpolation
zur Folge hat - es werden lediglich die Schleppabstände abge-
fahren -, ist zur Meldung der „externen Begrenzung" an die
ACC-Einrichtung das Signal, welches die Unterbrechung der
Interpolation bewirkt, geeignet. Hieraus folgt eine weitere
Schnittstelle der ACC-Einrichtung zur Steuerung.

Im Kapitel 7 wird das Zeitverhalten der Steuerung der Vorschubbewegung unter besonderer Berücksichtigung der Interpolationsarten sowie der Zahl der Interpolationsstufen analysiert. Hier sei die Steuerung der Vorschubbewegung näherungsweise (Vernachlässigung der Grenzen $u_{B,s,gr}$ und $a_{B,f,gr}$)
durch das <u>Bild 3-5b</u>), d.h. durch die Übertragungsfunktion

$$F(p) = u_{B,i}(p) \; / \; u_{B,s}(p) = \frac{e^{-pT_{t,I}}}{1+2D_{LR}T_{LR}p+T_{LR}^2p^2} \; , \qquad (3-2)$$

beschrieben. Der Dämpfungsgrad D_{LR} und die Zeitkonstante T_{LR}
sind die Parameter eines an der Bahnbewegung beteiligten
Lageregelkreises.

Für die ACC-Anwendung sind grundsätzlich die konventionelle
und numerische Steuerung zu unterscheiden. Unterscheidungsmerkmale sind die Speicherung und Verarbeitung der VGI sowie
die „Steuerung der Vorschubbewegung", insbesondere der Führungsgrößenerzeugung. Die verschiedenen Arten der numerischen
Steuerungen erfordern eine besondere Betrachtung der Möglichkeiten der Eingabe und Verarbeitung der VGI und der Stellgröße u_{AC} sowie des Einflusses der üblichen Arten der Führungsgrößenerzeugung auf das Zeitverhalten der „Steuerung der
Vorschubbewegung". Diese Probleme sollen in Kapitel 7 behandelt werden.

4 Kenngrößen und Eigenschaften des Bearbeitungsprozesses beim Drehen

Nach Bild 2-4 ist der Bearbeitungsprozeß aufgeteilt in die Bereiche Spanungsprozeß und WZM. Abhängig vom eingesetzten Meßprinzip zur Erfassung der Kenngröße des Spanungsprozesses sind neben dem Spanungsprozeß selbst verschiedene Elemente der WZM und ihrer Stellglieder, z.B. der Hauptantrieb, Teile der Regelstrecke. In diesem Kapitel soll daher zunächst das Übertragungsverhalten des Spanungsprozesses als Mehrweg- und Mehrschnittbearbeitung behandelt werden, wobei aufgrund der Spanungsbedingungen verschiedene Arten des Anschnitts und der Bearbeitung zu unterscheiden sind.
Im Vordergrund des Interesses steht hier ein „einfaches" Prinzip der Erfassung der Kenngröße und zwar über die elektrischen Meßgrößen Strom und Spannung des Hauptantriebs. Es soll daher das Übertragungsverhalten des Hauptantriebs behandelt werden.

4.1 Statisches Modell der Einschnittbearbeitung

Innerhalb der Arbeiten auf dem ACC-Gebiet wurde dem Bearbeitungsvorgang eine besondere Aufmerksamkeit gewidmet. Es sind Modelle entwickelt, die das statische und dynamische Verhalten beschreiben /3,4,21,22,23,24/. Die Aussagen sind jedoch auf die Betrachtung eines Werkzeug/Werkstück-Systems, d.h. auf die Einschnittbearbeitung, beschränkt. Die Mehrweg- und Mehrschnittbearbeitung erfordert eine Erweiterung des Modells. Als Grundlage für das zu entwickelnde statische Modell der Mehrweg- und Mehrschnittbearbeitung soll das Modell der Einschnittbearbeitung dienen (Bild 4-1). Aus den drei möglichen Stellgrößen des Bearbeitungsprozesses Spindeldrehzahl n_{Sp}, Bahnform der Vorschubbewegung $f_i(x,y)=0$ und Vorschubgeschwindigkeit $u_{B,i}$, ist hier allein die letzte der aufgezählten zu betrachten. Die Spindeldrehzahl und die Bahnform der Vorschubbewegung stellen daher zusammen mit den Werkstückeigenschaften spezifische Schnittkraft k_S und Rohteilform die „Gegebenheiten" /21/ bzw. Parameter des Spa-

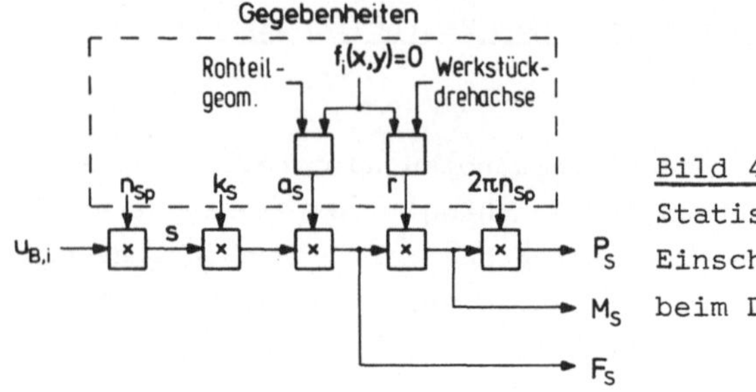

Bild 4-1:

Statisches Modell der

Einschnittbearbeitung

beim Drehen

nungsvorgangs dar. Aus der Rohteilform und der Bahnform folgt die Gegebenheit Schnittiefe a_S und aus der Bahnform zusammen mit der Drehachse des Werkstücks die Gegebenheit Drehradius r. Die Gegebenheiten sind veränderlich und durch ACC ohne automatische Schnittaufteilung nicht beeinflußbar.

Die Kenngrößen des Spanungsvorgangs (Bild 4-1) sind die Schnittkraft F_S, das Schnittdrehmoment M_S und die Schnittleistung P_S. Die statische Beziehung für die Schnittkraft ist gegeben durch:

$$F_S = k_S \cdot a_S \cdot s = k_S \cdot a_S \cdot u_{B,i}/n_{Sp} \qquad (4-1)$$

Für die beiden anderen Kenngrößen gilt:

$$M_S = F_S \cdot r = k_S \cdot a_S \cdot r \cdot u_{B,i}/n_{Sp} \qquad (4-2)$$

$$P_S = F_S \cdot v = M_S \cdot 2\pi \cdot n_{Sp} = 2\pi \cdot k_S \cdot a_S \cdot r \cdot u_{B,i} \qquad (4-3)$$

Die Verstärkung K_Z des Spanungsprozesses als Einschnittbearbeitung ist somit, z.B. für die Kenngröße Schnittkraft

$$K_Z\Big|_{F_S} = \frac{F_S}{u_{B,i}} = \frac{k_S \cdot a_S}{n_{Sp}} \qquad . \qquad (4-4)$$

Die Verstärkung des Spanungsprozesses, die sich aus dem statischen Modell ergibt, wird im folgenden als „statische Verstärkung" bezeichnet, um den Unterschied zur „dynamischen Verstärkung", die aus dem „dynamischen Modell" ermittelt wird, hervorzuheben. Eine Eigenschaft des Spanungsprozesses ist, daß seine „statische Verstärkung" nicht gleichbleibend ist, sondern sich mit den Spanungsbedingungen ändert.

4.2 Statisches Modell der Mehrweg- und Mehrschnitt-bearbeitung

Das statische Modell des Spanungsprozesses als Mehrweg- und Mehrschnittbearbeitung beim Drehen zeigt __Bild 4-2__. Das Werk-

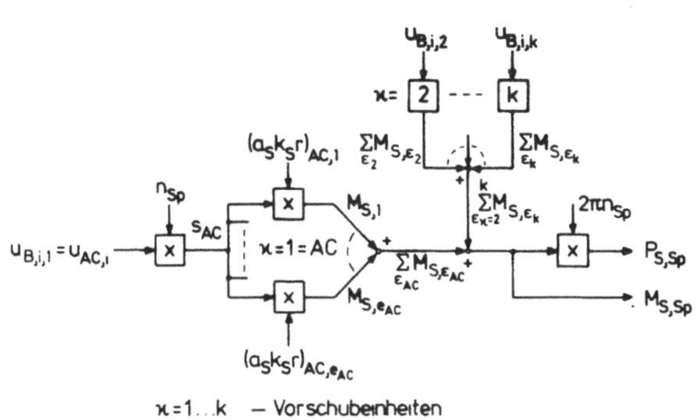

__Bild 4-2__: Statisches Modell der Mehrweg- und Mehrschnittbearbeitung eines Werkstücks beim Drehen

stück dreht mit der Spindeldrehzahl n_{Sp}. Die Vorschubeinrichtungen $\varkappa = 1 \ldots k$ tragen die Werkzeuge $\varepsilon_\varkappa = 1 \ldots e_\varkappa$. Sie bewegen sich mit den Vorschubgeschwindigkeiten $u_{B,i,1} \ldots u_{B,i,k}$. Betrachtet man die Vorschubeinrichtung $\varkappa$, so ist das von dieser verursachte Schnittdrehmoment am Werkstück (s.Glg.(4-2))

$$M_{S,\varkappa} = \sum_{\varepsilon_\varkappa=1}^{e_\varkappa} M_{S,\varepsilon_\varkappa} = \frac{u_{B,i,\varkappa}}{n_{Sp}} \sum_{\varepsilon_\varkappa=1}^{e_\varkappa} (k_S a_S r)_{c_\varkappa} \quad . \tag{4-5}$$

Die Gesamtschnittbelastung an der Hauptspindel ist

als Drehmoment
$$M_{S,Sp} = \sum_{\varkappa=1}^{k} M_{S,\varkappa} \tag{4-6}$$

und als Leistung
$$P_{S,Sp} = 2\pi n_{Sp} \sum_{\varkappa=1}^{k} M_{S,\varkappa} = \sum_{\varkappa=1}^{k} P_{S,\varkappa} \tag{4-7}$$

Für die ACC-Anwendung ist unter anderem die Kenntnis der
„statischen Verstärkung" des Spanungsprozesses wichtig. Es
ist also der Zusammenhang zwischen den Kenngrößen $M_{S,Sp}$ oder
$P_{S,Sp}$ und der Geschwindigkeit der Vorschubeinrichtung, die
durch ACC gesteuert wird, zu ermitteln. Nimmt man - wie im
Bild 4-2 dargestellt - an, daß die Vorschubeinrichtung $\varkappa=1$
durch ACC gesteuert wird, so sind die Einflüsse der Vorschubeinrichtungen $\varkappa=2\ldots k$ auf die Kenngrößen als weitere Gegebenheiten anzusehen. Damit folgt aus den Glgn. (4-5) bis (4-7)
für die Verstärkung des Spanungsprozesses nach Bild 4-2
für das Drehmoment

$$K_Z\Big|_{M_{S,Sp}} = \frac{M_{S,Sp}}{u_{AC,i}} = \frac{1}{n_{Sp}} \sum_{\varepsilon_{AC}=1}^{e_{AC}} (k_S a_S r)_{\varepsilon_{AC}} +$$

$$+ \frac{1}{u_{B,i,1}} \sum_{\varkappa=2}^{k} M_{S,\varkappa} \qquad (4-8)$$

und für die Leistung

$$K_Z\Big|_{P_{S,Sp}} = 2\pi \sum_{\varepsilon_{AC}=1}^{e_{AC}} (k_S a_S \cdot r)_{\varepsilon_{AC}} + \frac{1}{u_{B,i,1}} \sum_{\varkappa=2}^{k} P_{S,\varkappa} \cdot \qquad (4-9)$$

Die „statische Verstärkung" ist also vom Spanungsanteil der
ACC-gesteuerten Vorschubeinrichtung $\varkappa=1$ abhängig und wird
durch die Spanungsanteile der restlichen Vorschubeinrichtung
$\varkappa=2\ldots k$ additiv verändert, wobei diese Anteile auf die Geschwindigkeit der Vorschubeinrichtung $\varkappa=1$ bezogen sind. Da die
Gegebenheiten veränderlich sind, führen sie zu einer Änderung der „statischen Verstärkung". Für die Einschnittbearbeitung ist mit einem Änderungsbereich der Verstärkung von
1000:1 zu rechnen /25/. Bei der Mehrschnitt- und Mehrwegbearbeitung kann der Änderungsbereich wesentlich größer sein,
dies hängt von der Anzahl der im Schnitt befindlichen Werkzeuge ab. Da die Änderungen nicht als bekannt vorausgesetzt
werden können, folgt daraus notwendig die Bedingung für den
Einsatz eines ACC-Reglers mit selbsttätiger Verstärkungsan-

passung, die nicht gesteuert, wie z.B. in /4,6/ vorgeschlagen, sondern prozeßabhängig („direkte Verstärkungsanpassung") erfolgt.

4.3 Dynamisches Modell der Einschnitt-, Mehrschnitt- und Mehrwegbearbeitung

Das Zeitverhalten des Spanungsvorgangs als Einschnittbearbeitung ist bestimmt durch das Zeitverhalten des Vorschubs als Funktion der Vorschubgeschwindigkeit und der Spindeldrehzahl sowie durch eine multiplikativ wirkende Verstärkung /22/. Bild 4-2 zeigt, daß diese Aussage auch für das Zeitverhalten des Spanungsprozesses als Mehrweg- und Mehrschnittbearbeitung zutrifft, da nach Abschn. 2.2 lediglich eine Vorschubeinheit (im Bild 4-2 $\varkappa = 1$) mit der ACC-Stellgröße gesteuert ist. Für den Vorschub s_{AC} = s - im folgenden wird der Index AC für die Vorschubeinrichtung $\varkappa = 1$ weggelassen - gilt daher nach /22/ (Bild 4-3):

$$\frac{s(p)}{u_{B,i}(p)} = \frac{1-e^{-pT_{Sp}}}{p} = T_{Sp}\left(\frac{1-e^{-pT_{Sp}}}{pT_{Sp}}\right) \qquad (4-10)$$

mit $\lim_{p \to 0}(1-e^{-pT_{Sp}})/(pT_{Sp}) = 1$ und $T_{Sp} = \dfrac{1}{n_{Sp}}$.

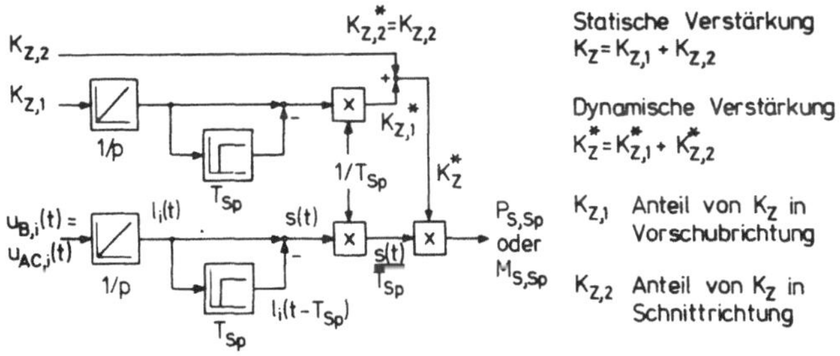

Bild 4-3: Dynamisches Modell des Spanungsprozesses als
Einschnitt-, Mehrschnitt- und Mehrwegbearbeitung

Aus Bild 4-3 und Glg.(4-10) folgt für die Übertragungsfunktion des Spanungsprozesses

$$F_Z(p) = K_Z^* \frac{1-e^{-pT_{Sp}}}{pT_{Sp}} = (K_{Z,1}^* + K_{Z,2}^*)\frac{1-e^{-pT_{Sp}}}{pT_{Sp}} \qquad (4\text{-}11)$$

mit

$$K_{Z,1}^* = K_{Z,1}\frac{1-e^{pT_{Sp}}}{pT_{Sp}} \quad \text{und} \quad K_{Z,2}^* = K_{Z,2} \, , \qquad (4\text{-}12)$$

wobei K_Z^* die „dynamische Verstärkung" und $K_Z = K_{Z,1} + K_{Z,2}$ die „statische Verstärkung" sind. Der hier eingeführte Begriff „dynamische Verstärkung" soll wiedergeben, daß diese die Verstärkung des „dynamischen Modells" ist. Im Beharrungszustand – u_{AC} = konst. und konstante Gegebenheiten – ist $K_Z^* = K_Z$. Für K_Z gelten je nach betrachteter Kenngröße die Glgn. (4-4) bzw. (4-8) bzw. (4-9).

Der Anteil der „statischen Verstärkung" $K_{Z,1}$ enthält als Gegebenheiten die Spanungsbedingungen, deren Änderung nicht unmittelbar, sondern, wie Glg. (4-12) zeigt, „verzögert" den Spanungsprozeß beeinflußt. Diese Spanungsbedingungen sind dadurch gekennzeichnet, daß sie am Werkstück rotationssymmetrisch auftreten und daher allein durch die Vorschubbewegung wirksam werden können. Als Beispiel sei die sprunghafte Änderung der Schnittiefe a_S eines rotationssymmetrischen und zentrisch eingespannten Werkstücks genannt. Sie führt bei einer konstanten Vorschubbewegung zu einer rampenförmigen Änderung der „dynamischen Verstärkung".

Im Gegensatz dazu enthält der Anteil $K_{Z,2}$ der „statischen Verstärkung" die Spanungsbedingungen, deren Änderung unmittelbar den Spanungsprozeß und somit die Werkzeugbelastung beeinflußt. Sie sind dadurch gekennzeichnet, daß sie am Werkstück nicht rotationssymmetrisch auftreten und daher allein durch die Schnittbewegung wirksam werden. Als Beispiel sei die Änderung der Schnittiefe a_S am Werkstückumfang durch Exzentrizität und Unrundheit sowie der Planschlag genannt.

Neben der Verstärkung ist die Spindeldrehzahl n_{Sp} eine weitere Einflußgröße auf das Zeitverhalten des Spanungsprozesses. Dies wird besonders deutlich in der Darstellung der Glg.(4-11) durch Betrag und Phase eines Zeigers im Frequenzbereich

$$F_Z(j\omega) = K_Z^* \frac{\sin(\omega T_{Sp}/2)}{\omega T_{Sp}/2} \cdot e^{-j\omega T_{Sp}/2} \qquad (4\text{-}13).$$

Der Spanungsprozeß zeigt hier ein Totzeitverhalten mit der „Ersatztotzeit" $T'_{t,Z}=T_{Sp}/2$. Nimmt man für die Spindeldrehzahl einen an WZM üblichen Wertebereich von $n_{Sp}=(30...3000)\text{min}^{-1}$, so erhält man eine Änderung der „Ersatztotzeit" von 100:1. Daraus folgt für den ACC-Regler, daß dessen Zeitglied der sich ändernden Spindeldrehzahl anzupassen ist. Dies kann gesteuert erfolgen, da n_{Sp} als Meßwert zur Verfügung steht. Wegen den unterschiedlichen Problemstellungen für die Funktionen einer ACC-Einrichtung ist im folgenden der Spanungsvorgang in die Bereiche

- „Anschnitt" und
- „Bearbeitung"

eingeteilt. Sie werden getrennt behandelt.

4.4 Spanungsprozeß während des Anschnitts

An ausgeführten ACC-Einrichtungen /4,6,8,11,26/ sind zur Erfassung der schnittfreien Wege vorwiegend Verfahren verwendet, die den Beginn und das Ende der Spanabnahme melden. Hierzu sind entweder der ohnehin vorhandene Sensor zur Ermittlung der Auslastungskenngröße oder käuflich erwerbbare Sensoren, z.B. Beschleunigungsaufnehmer /27/, eingesetzt. Diese Art der Erkennung schnittfreier Wege ist ein Kennzeichen des hier betrachteten ACC-Systems.

Der Anschnittvorgang wird unter folgenden Bedingungen und Vereinbarungen betrachtet:

- das Werkstück dreht mit n_{Sp} = konst.,

- der Anschnittvorgang beginnt zur Zeit $t = 0$ mit der Anschnittgeschwindigkeit $u_{AC} = u_A = u_{B,i} =$ konst.,
- die Funktion „Steuerung der Vorschubbewegung" und der Sensor, welcher den Anschnittbeginn meldet, haben insgesamt die Totzeit $T_{t.A}$,
- nach der Totzeit des Sensors, also im Zeitraum $0 < t \leq T_{t,A}$, wird $u_A = 0$ gesetzt und zur Zeit $t = T_{t,A}$ wirksam,
- die Eindringtiefe des Werkzeugs in das Werkstück beim Anschnittvorgang ist die Anschnittweglänge $l_A = l_{t,A} + l_{Br}$, sie wird nach der Anschnittzeitdauer $T_A = T_{t,A} + T_{Br}$ erreicht ($l_{t,A} = u_A \cdot T_{t,A}$, $l_{Br} =$ Bremsweg, $T_{Br} =$ Bremszeit).

Ein entscheidendes Maß für die Höhe der Anschnittgeschwindigkeit ist die Belastbarkeit der durch den Bearbeitungsprozeß energetisch gekoppelten Elemente. Betrachtet man das Werkzeug, insbesondere die Werkzeugschneide, als das schwächste Glied des Systems Bearbeitungsprozeß, so legt deren Belastbarkeit die Höhe der Anschnittgeschwindigkeit fest. Als Kriterium der Belastbarkeit des Werkzeugs kann nach /21/ ein zulässiger Vorschub s_{max}(WZ) angesehen werden. Für die Höhe und die Art der Vorgabe der Anschnittgeschwindigkeit ist zu berücksichtigen, daß je nach den Gegebenheiten des Werkstücks, insbesondere der Form der anzuschneidenden Werkstückkontur, unterschiedliche Belastungsarten des Werkzeugs gegeben sind. Einen wesentlichen Einfluß übt dabei die Verstärkung im Bearbeitungsprozeß aus (s.Glg.(4-11) und Glg.(4-12)). Im folgenden werden daher

- der „unkritische Anschnitt" und
- der „kritische Anschnitt"

unterschieden.

Ein „unkritischer Anschnitt" liegt vor, wenn die Eingriffsverhältnisse zwischen Werkzeug und Werkstück beim Anschnitt von vornherein keine Bruchgefahr für die Werkzeugschneide erkennen lassen. Er ist dadurch gekennzeichnet, daß der „statische Verstärkungsanteil" $K_{Z,1} = 0$ ist (rotationssymmetrische Änderungen der Spanungsbedingungen).

Ein „kritischer Anschnitt" ist entsprechend ein Anschnitt von Werkstücken, bei welchen der „statische Verstärkungsanteil" $K_{Z,1} \neq 0$ ist (rotationsunsymmetrische Änderungen der Zerspanbedingungen).

a) „Unkritischer Anschnitt"

Bild 4-4 zeigt zwei Anschnittvorgänge des „unkritischen Anschnitts", die grundsätzlich zu unterscheiden sind /21/. Im Fall a1) ist $T_A < T_{Sp}$ und im Fall a2) ist $T_A \geq T_{Sp}$. In beiden Fällen ist der zeitliche Verlauf des Vorschubs gegeben durch

$$s(t) = l_i(t) - l_i(t-T_{Sp}) \qquad (4-14)$$

für $l_i(t) - l_i(t-T_{Sp}) \geq 0$ und $t \geq 0$.

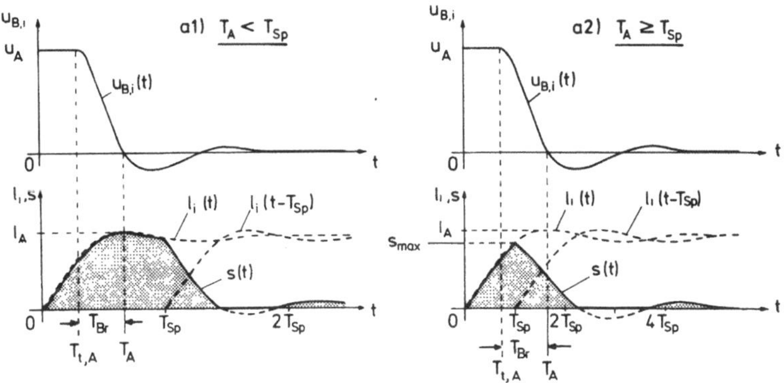

Bild 4-4: Unkritischer Anschnittvorgang

a1) $T_A < T_{Sp}$

In diesem Fall erreicht die Geschwindigkeit $u_{B,i}$ zum ersten Mal den Wert Null, d.h. die Anschnittweglänge den Wert l_A, innerhalb einer Spindelumdrehungszeit. Für die vorzugebende Anschnittgeschwindigkeit u_A gilt daher die Beziehung:

$$u_A = f(l_A(T_A)) \text{ mit } T_A = T_{t,A} + T_{Br} \qquad (4\text{-}15)$$

mit der Bedingung $l_A \leq s_{max}(WZ)$.

a2) $T_A \geq T_{Sp}$

In diesem Fall erreicht der Istwert der Geschwindigkeit zum ersten Mal den Wert Null nach der Zeit $t = T_{Sp}$, d.h. l_A ist auf mehrere Perioden T_{Sp} aufgeteilt. Da der Vorschub $s(t)$ bereits zur Zeit $t = T_{Sp}$ sein Maximum hat, ist hier, unabhängig von l_A und T_A, eine Anschnittgeschwindigkeit nach der Beziehung

$$u_A = n_{Sp} \cdot s_{max}(WZ) \qquad (4\text{-}16)$$

vorzugeben.

b) „Kritischer Anschnitt"

Der Anschnitt rotationsunsymmetrischer Werkstücke ist dadurch gekennzeichnet, daß die Werkzeugschneide die anzuschneidende Werkstückkontur in Schnittrichtung unterfahren kann und daraufhin „schlagartig" belastet wird. Beim „kritischen Anschnitt" ist daher die Anschnittgeschwindigkeit unabhängig vom Verhältnis T_A/T_{Sp} allein der zulässigen Schneidenbelastung anzupassen, d.h. nach Glg.(4-16) vorzugeben.

In /21/ sind die Beziehungen (4-15) und (4-16) für einen exponentiellen und einen rampenförmigen Abbremsvorgang in Diagrammen dargestellt. Diese Diagramme sind auch auf Abbremsvorgänge mit einem Überschwingen der Geschwindigkeit $u_{B,i}$ übertragbar, da das Überschwingen keinen Einfluß auf die Anschnittweglänge l_A hat (Bild 4-4, Fall a1). Für die Anwendung der Diagramme in /21/ ist der zeitliche Verlauf von $u_{B,i}$ durch eine Rampenfunktion nach <u>Bild 4-5</u> mit der „Ersatztotzeit" $T'_{t,A}$ zu ersetzen.

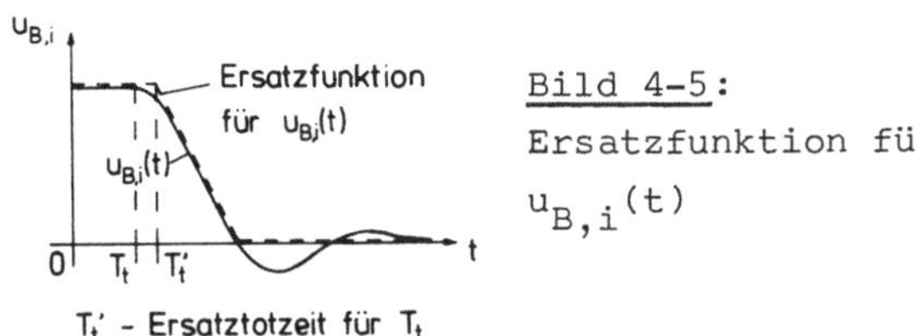

Bild 4-5:

Ersatzfunktion für

$u_{B,i}(t)$

Folgerungen für die ACC-Anwendung

Abhängig von der Gestalt des Werkstücks sind verschiedene
Arten des Anschnittvorgangs und daraus folgend verschiedene
Arten der Vorgabe der Anschnittgeschwindigkeit zu unterscheiden. Da eine selbsttätige Vorhererkennung des „kritischen"
und „unkritischen" Anschnitts nicht möglich ist, sind diese
einer ACC-Einrichtung als „Betriebsarten des Anschnitts" einzugeben. Die Fälle a1) und a2) des „unkritischen Anschnitts"
können aus dem Verhältnis T_A/T_{Sp} selbsttätig erkannt werden.
Hierzu ist der ACC-Einrichtung T_A als Vorgabewert einzugeben.
T_{Sp} ist aus der gemessenen Spindeldrehzahl zu ermitteln (Sensor Tachogenerator).

Die Anschnittzeitdauer T_A beeinflußt maßgebend die Höhe der
Anschnittgeschwindigkeit. Daraus folgt die Forderung nach
einer möglichst totzeitfreien Erkennung des Schnittbeginns,
d.h. dem Einsatz eines besonderen Anschnittsensors, wenn der
Sensor zur Ermittlung der Kenngröße nicht verzugsfrei arbeitet. Weiterhin folgt die Forderung nach dem Einsatz dynami-
scher Vorschubantriebe /28/.

4.5 Spanungsprozeß während der „Bearbeitung"

Entsprechend der unterschiedlichen Einwirkung der Änderung
der „statischen Verstärkungsanteile" $K_{Z,1}$ und $K_{Z,2}$ (Bild 4-3)
auf den Spanungsprozeß als Übertragungsglied, sind

- die „unkritische Bearbeitung" und
- die „kritische Bearbeitung"

zu betrachten.

Die „unkritische Bearbeitung" ist an solchen Werkstücken gegeben, deren Einfluß auf die Änderung der „statischen Verstärkung" rotationssymmetrisch, d.h. $K_{Z,2} = 0$, ist. Diese Verstärkungsänderungen und die daraus folgenden Änderungen der Kenngröße können durch die Stellgröße u_{AC} ausgeregelt werden, da sie in Vorschubrichtung wirken. Stationär gilt daher, z.B. für die Regelgröße Schnittleistung (s.Bild 2-4, $w = P_f$, $x_{RS} = P_i$)

$$u_{AC} \cdot K_{Z,1} \big|_{P_S} = P_i = P_f \; . \tag{4-17}$$

Entsprechend ist die „kritische Bearbeitung" an solchen Werkstücken gegeben, die eine rotationssymmetrische, also am Werkstückumfang entstehende, Änderung der „statischen Verstärkung" zur Folge haben ($K_{Z,2} \neq 0$). Da diese Änderungen in Schnittrichtung erfolgen, können die entsprechenden Änderungen der Kenngröße über die Stellgröße u_{AC} lediglich als während einer Spindelumdrehungszeit wirkender Mittelwert berücksichtigt werden. Hier gilt daher stationär:

$$u_{AC} \cdot \frac{1}{T_{Sp}} \int_0^{T_{Sp}} K_{Z,2} \big|_{P_S} \, dt = \frac{1}{T_{Sp}} \int_0^{T_{Sp}} P_i \, dt = P_f \; . \tag{4-18}$$

Die Ursache für die Mittelwertbildung ist das Zeitverhalten des Vorschubs nach Glg.(4-10). – Eine gegenüber u_{AC} geeignetere Stellgröße für die „kritische Bearbeitung" ist die Schnittgeschwindigkeit bzw. zusammen mit u_{AC} die Wirkgeschwindigkeit. Wegen der extremen Anforderungen an die Dynamik der Hauptantriebe ist dies jedoch allgemein nicht realisierbar – .

<u>Folgerungen für die ACC-Anwendung</u>

1. Die Stellgröße u_{AC} ist nicht geeignet zur Ausregelung von solchen Änderungen der Kenngröße des Spanungsprozesses, die durch rotationsunsymmetrische Änderungen der Spanungsbedingungen hervorgerufen sind. In der ACC-Regeleinrichtung ist

daher ein Übertragungsglied vorzusehen, welches es erlaubt, die während einer Spindelperiode auftretenden Maxima der Kenngröße zu berücksichtigen.

2. Das Meßprinzip und die Meßeinrichtung zur Bildung des Kennwerts der Kenngröße sind so zu wählen, daß sie dynamisch in der Lage sind, die während einer Spindelumdrehung auftretenden Maxima der Kenngröße wiederzugeben. Kann diese Bedingung nicht erfüllt werden, so sind der ACC-Einrichtung die „kritische" und die „unkritische" Bearbeitung als „Bearbeitungsbetriebsarten" von vornherein einzugeben (VGI). Dies gilt insbesondere für den unterbrochenen Schnitt, da dieser eine extreme Belastung für die Werkzeuge bedeutet, nämlich erhöhten Verschleiß und Ausbruch der Schneiden.

4.6 Statische Grenzen des Bearbeitungsprozesses

Die statischen Belastungsgrenzen der WZM und ihrer Stellglieder, der Werkzeuge und des Werkstücks bilden die Grenzen für die Führung des Bearbeitungsprozesses durch eine ACC-Einrichtung. Der Stellbereich für u_{AC} ist durch die Grenzen des

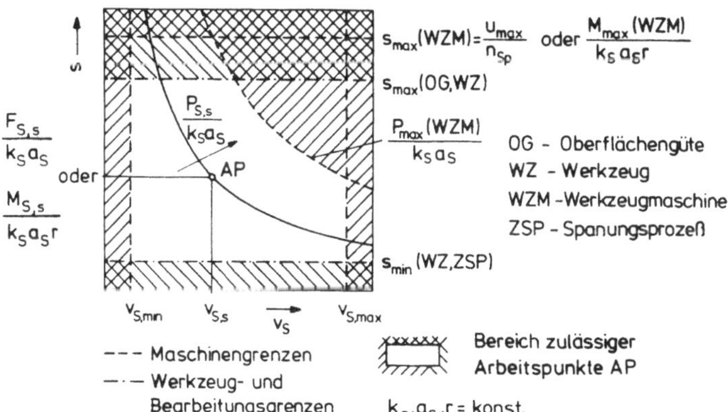

<u>Bild 4-6</u>: Grenzen und Arbeitsbereich eines ACC-Systems

Stellbereichs der WZM und der Steuerung für die Vorschubgeschwindigkeit eingeschränkt. Eine weitere Einschränkung für u_{AC} kann ein zulässiger Vorschub als Maß für die „Oberflächengüte" sein. Die Grenzen spannen zusammen mit dem Stellbereich der Schnittgeschwindigkeit v_S im sogenannten s,v-Feld (<u>Bild 4-6</u>) einen zulässigen Arbeitsbereich auf. Die jeweils wirksamen Grenzen des Arbeitsbereichs sind von den Spanungsbedingungen (a_S,k_S,r) und der Schnittgeschwindigkeit abhängig und daher nicht feststehend. Eine Überwachung des statischen Arbeitsbereichs setzt die Berücksichtigung der momentan wirksamen Grenzen voraus.

Die Aufgabe einer ACC-Einrichtung ist es also, aus den eingegebenen Grenzwerten der WZM

- maximale Leistung des Hauptantriebs P_{max},
- maximale Drehmomente des Hauptantriebs $M_{max,\rho}$ ($\rho = 1...r$) (abhängig von der Getriebestellung, bezogen auf die Hauptspindel) und
- maximale Vorschubgeschwindigkeit u_{max},

sowie aus den durch die Bearbeitung und die Werkzeuge gegebenen Grenzwerten

- maximale Schnittkräfte $F_{S,max}$,
- maximaler Vorschub s_{max}(OG) als Maß für die Oberflächengüte und
- minimaler Vorschub s_{min}(ZSP) als Maß für die Spanbildung

die momentan wirksamen Grenzen zu ermitteln und den, z.B. durch eine Sollschnittkraft $F_{S,s} \leq F_{S,max}$ und eine Sollschnittgeschwindigkeit $v_{S,s}$, vorgegebenen Ziel-Arbeitspunkt (AP) innerhalb des Arbeitsbereichs zu führen. Für die Berücksichtigung der momentan wirksamen Grenze $M_{max,\rho}$ ist der ACC-Einrichtung die Getriebestellung zu melden.

<u>4.7 Messung der Kenngrößen des Spanungsvorgangs</u>

Für die Steuerung und Regelung des Bearbeitungsprozesses durch eine ACC-Einrichtung sind dieser folgende Meßwerte als

Zustandsinformationen des Spanungsvorgangs einzugeben:

- Meßwert der Kenngröße, welche die mechanische Auslastung
  im Bearbeitungsprozeß wiedergibt,
- Meßwert der Spindeldrehzahl

und bei Meßverfahren der Kenngröße, die mit einer Zeitverzögerung behaftet sind, zusätzlich ein

- Meßwert über den Schnittbeginn und das Schnittende.

4.7.1 Messung der Auslastungskenngröße über den Hauptantrieb

Eine einfache, an allen WZM einsetzbare und keine Änderungen an Werkzeugen und Maschinenteilen erfordernde Lösung für die Erfassung einiger Kenngrößen des Spanungsprozesses stellt die Messung der elektrischen Größen Motorstrom und Motorleistung des Hauptantriebs dar /11,29/. Diese Verfahren sind daher hier zugrunde gelegt.

4.7.1.1 Meßeinrichtungen und stationäre Beziehungen

An spanenden WZM sind die Hauptantriebe in verschiedenen Varianten eingeführt. Übliche Lösungen sind Drehstromhauptantriebe sowie drehzahlgeregelte Gleichstromhauptantriebe mit stromrichtergesteuerten oder „rotierenden" Umformern, jeweils mit einem manuell oder automatisch schaltbaren Getriebe. Als Übertragungsglied eines technologischen Regelkreises besitzt der Hauptantrieb als Eingangsgröße die gewählte Kenngröße des Spanungsprozesses, d.h. die auf die Hauptspindel wirkenden Größen $M_{S,Sp}$ bzw. $P_{S,Sp}$ im folgenden kurz mit M_S und P_S bezeichnet. Die Ausgangsgrößen sind die Motorspannung U_{Mot} und der Motorstrom I_{Mot}. Die Meßeinrichtung verarbeitet diese Meßgrößen zu den Meßwerten Drehmoment M_{ME} bzw. Leistung P_{ME}. Bild 4-7 zeigt einige Möglichkeiten der Messung der Auslastungskenngrößen über den Hauptantrieb.

Im Fall (a), der Leistungsmessung an Drehstromhauptantrieben, entspricht der Meßwert P_{ME} der aufgenommenen Wirkleistung

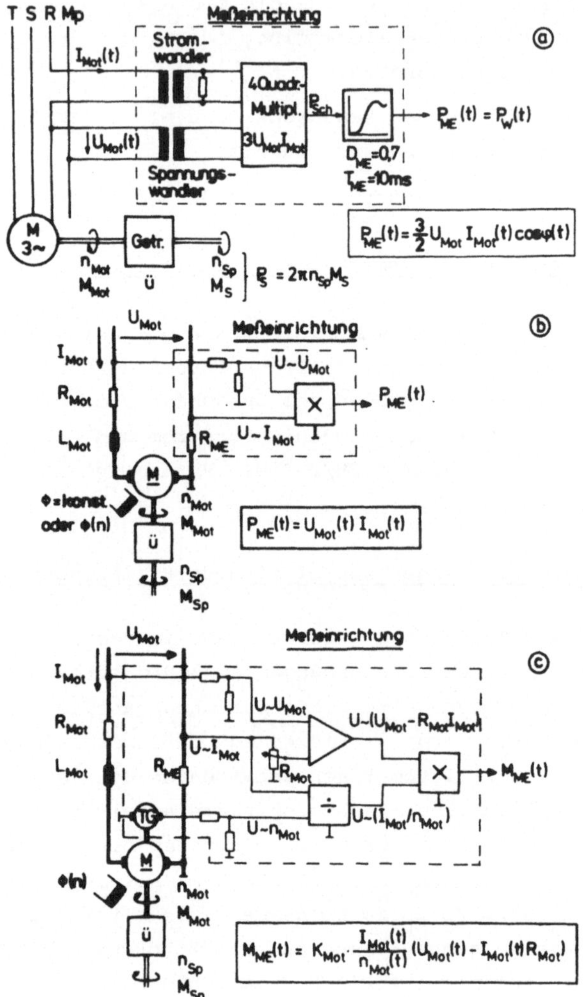

Bild 4-7: Beispiele für die Messung der Auslastungskenngrößen über den Hauptantrieb.

des Hauptspindelmotors. Dabei wird aus den Augenblickswerten
einer Phasenspannung und eines Leiterstroms die Scheinlei-

stung P_{Sch} berechnet und ihr mit doppelter Netzfrequenz schwingender Anteil durch ein Filter unterdrückt. Als ein geeignetes Filter zur Unterdrückung des Wechselanteils hat sich in der Praxis ein PT2-Glied mit $D_{ME} = 0{,}7$ und $T_{ME} = 10\,ms$ bewährt. Stationär gilt die Beziehung

$$P_{ME} = P_W = \frac{3}{2}U_{Mot}I_{Mot}\cos\varphi = P_S + P_V, \qquad (4-19)$$

wobei $\cos\varphi$ der Leistungsfaktor und P_V die gesamten Leistungsverluste im Getriebe und Motor sind.

Für die Ermittlung der Kenngröße Schnittdrehmoment über den Drehstromhauptantrieb ist der Meßwert P_{ME} durch die Netz-Kreisfrequenz ω_N zu dividieren

$$M_{ME} = P_{ME}/\omega_N \quad \text{mit } \omega_N = 2\pi\cdot 50 \text{ Hz.} \qquad (4-20)$$

Für den so ermittelten Meßwert M_{ME} besteht stationär die Beziehung

$$M_{ME} = P_{ME}/\omega_N = \frac{\ddot{u}}{\zeta}M_S + M_V \quad \text{mit} \quad \ddot{u} = \frac{n_{Sp}}{n_{Mot}}, \qquad (4-21)$$

M_V gibt die Drehmomentverluste im Getriebe und Motor wieder, ζ ist die Polpaarzahl des Drehstrommotors.

Die Fälle ⓑ und ⓒ des Bildes 4-7 zeigen die Erfassung der Kenngrößen über einen Gleichstromhauptantrieb. Im Fall ⓑ , der Leistungsmessung, ist die Leistung P_{ME} unabhängig vom Erregerfluß $\Phi(n)$

$$P_{ME} = U_{Mot}I_{Mot} = P_S + P_V , \qquad (4-22)$$

wo P_V wieder die gesamten Leistungsverluste sind.

Aus den Grundgleichungen der elektrischen Maschinen folgt, daß bei der Drehmomentmessung über den Motorstrom der Erregerfluß $\Phi(n)$ zu berücksichtigen ist, d.h. es gilt stationär

$$M_{ME} = K_{Mot,1}\Phi(n)I_{Mot} = \ddot{u}M_S + M_V \qquad (4-23)$$

Während für $\phi(n)$ = konst. der Meßwert M_{ME} direkt proportional zum Motorstrom ist, ist für $\phi(n) \neq$ konst., z.B. durch Feldschwächung im oberen Drehzahlbereich, der Meßwert stationär gegeben durch die Beziehung

$$M_{ME} = K_{Mot} \frac{I_{Mot}}{n_{Mot}}(U_{Mot} - R_{Mot}I_{Mot}) = üM_S + M_V. \qquad (4-24)$$

Mit $K_{Mot} = K_{Mot,1}/K_{Mot,2}$ und $K_{Mot,2} = E/(n_{Mot}\phi(n))$ (E = induzierte Spannung). Das Prinzip der Meßeinrichtung für M_{ME} nach Glg.(4-24) ist durch den Fall Ⓒ , Bild 4-6, wiedergegeben. Es berücksichtigt nicht die elektrische Zeitkonstante L_{Mot}/R_{Mot} des Motors, da diese gegenüber der mechanischen Zeitkonstanten des Hauptantriebs vernachlässigbar ist.

Die zusammengestellten Gleichungen zeigen, daß die Leistungsmessung gegenüber der Drehmomentmessung vorzuziehen ist, da bei letzterer die Getriebestellung und beim Drehstromhauptantrieb zusätzlich die Polpaarzahl des Drehstrommotors in die Beziehung $M_{ME} = f(M_S)$ eingehen. Gleichzeitig ist die Leistungsmessung an Gleichstrommotoren unabhängig vom Erregerfluß $\phi(n)$ und daher ebenfalls vorzuziehen. Der gerätetechnische Aufwand der beiden Meßverfahren ist im Vergleich zur Schnittkraft- oder Drehmomentmessung an den Werkzeugen oder der Hauptspindel (Dehnungsmeßstreifen, Meßverstärkung, konstruktive Änderungen, Meßwertübertragung von bewegten Teilen) gleich gering.

4.7.1.2 Verluste an Hauptantrieben und ihre Berücksichtigung

Die Ermittlung der Spanungskenngrößen P_S bzw. M_S über den Hauptantrieb bedarf der Berücksichtigung der Verluste im Motor $P_{V,Mot}$ bzw. $M_{V,Mot}$, Getriebe $P_{V,Getr}$ bzw. $M_{V,Getr}$ und Hauptspindel $P_{V,Sp}$ bzw. $M_{V,Sp}$. - Die folgenden Ausführungen beschränken sich auf die Kenngröße P_S und sind auf M_S entsprechend anzuwenden - . Untersuchungen /30,31/ zeigen, daß die Höhe der Leistungsverluste von der Belastung, der Belastungsdauer (Getriebeerwärmung), der Drehzahl und dem im Eingriff befindlichen Getriebezug abhängig sind. Sie sollten daher aktuell - möglichst während der Bearbeitung - erfaßt werden.

a) n_{Sp} = konst.

Die gesamten während der Bearbeitung mit konstanter Spindeldrehzahl auftretenden Leistungsverluste P_V können in Leerlaufverluste $P_{V,1}$ und lastabhängige Verluste $P_{V,S}$ aufgeteilt werden

$$P_V = P_{V,1} + P_{V,S} = P_{V,Mot} + P_{V,Getr} + P_{V,Sp} \quad . \qquad (4\text{-}25)$$

Untersuchungen von Drehstromhauptantrieben an Dreh- und Fräsmaschinen /30/ zeigen, daß die aufgenommene Wirkleistung während der Bearbeitung durch eine Kennlinie der Form

$$P_W(P_S) = P_{ME}(P_S) = P_{V,1} + mP_S \qquad (4\text{-}26)$$

beschrieben werden kann, wobei die Leerlaufleistung $P_{V,1}$ von der jeweiligen Spindeldrehzahlstufe (Getriebestellung) abhängig ist. Die Steigung m der Kennlinie ist für die untersuchten Hauptantriebe $m = \tan(50^\circ \pm 1^\circ)$. Die lastabhängigen Leistungsverluste sind damit

$$P_{V,S} = (1-1/m)(P_{ME}-P_{V,1}) \approx (0,16^\pm 0.03)(P_{ME}-P_{V,1}).$$

Da der Wirkungsgradfaktor eines Gleichstrommotors einen ähnlichen Verlauf über der Belastung hat wie der eines Drehstrommotors ist zu erwarten, daß Glg.(4-26) zumindest im Ansatz auch für Gleichstromhauptantriebe gilt. Messungen an einem Gleichstromhauptantrieb mit Leonard-Umformer (Bild 4-8) bestätigen dies. Hier sind jedoch die lastabhängigen Verluste höher ($m = \tan 55^\circ$) und betragen

$$P_{V,S} = 0,3 \cdot (P_{ME}-P_{V,1}) \quad \text{mit} \quad P_{ME} = U_{Mot}I_{Mot}.$$

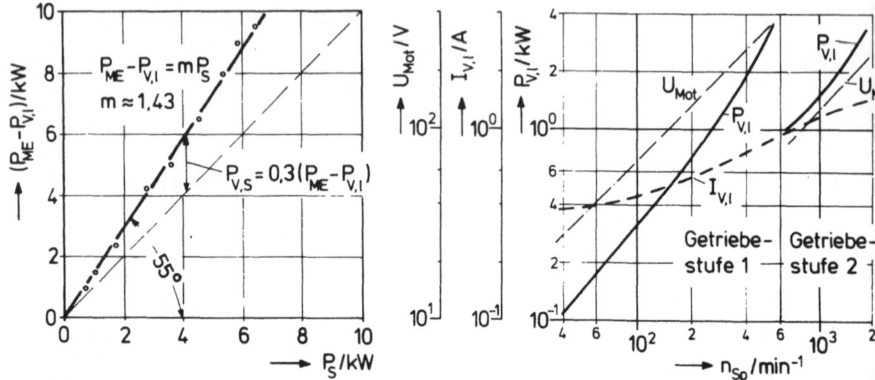

Bild 4-8: Leistungskennlinie eines Gleichstromhauptantriebs mit Leonard-Umformer

Bild 4-9: Leerlaufleistung und Leerlaufstrom eines Gleichstromhauptantriebs mit Leonard-Umformer

Die Leerlaufverluste zeigen für einzelne Getriebestellungen einen angenähert proportionalen Zusammenhang zur Spindeldrehzahl (Bild 4-9). Sie können daher durch die Gleichung

$$P_{V,1}(n_{Sp}) = P_{V,1}(0) + K_1 \cdot n_{Sp} \qquad (4\text{-}27)$$

beschrieben werden. K_1 und $P_{V,1}(0)$ sind von der Getriebestellung abhängig.

b) v_S = konst.

An Hauptantrieben, bei denen die Schnittgeschwindigkeit auf einen konstanten Wert geregelt ist (v_S = konst.-Einrichtung), erfolgt bei einer Änderung des Drehradius eine selbsttätige Verstellung der Spindeldrehzahl. Hierzu sind Beschleunigungs und Abbremsvorgänge notwendig. Die gemessene Leistung P_{ME} enthält in diesem Fall neben den unter a) erwähnten Verlusten die Beschleunigungsleistung P_b

$$P_{ME} = P_V + P_b + P_S$$

$$\text{mit} \qquad P_b = K_b \cdot n_{Sp} \cdot dn_{Sp}/dt \qquad (4-28)$$
$$\text{und} \qquad K_b = \text{Trägheitsmoment} \cdot 4\pi^2.$$

Die Größe K_b ist von der Getriebestellung abhängig.

Folgerungen für die ACC-Anwendung

1. Bei der Erfassung der Auslastungskenngröße über den
   Hauptantrieb sind innerhalb der ACC-Einrichtung die Verluste im Hauptantrieb und an WZM mit einer v_S = konst.-
   Einrichtung zusätzlich ein Beschleunigungsanteil des Meßwerts zu ermitteln und zu berücksichtigen.

2. Die Messung der Leistung ist gegenüber der Messung des
   Drehmoments vorzuziehen, da bei der Leistungsmessung der
   Erregerfluß und die Getriebeübersetzung, abgesehen von den
   Verlusten, nicht in den Meßwert eingehen.

4.7.1.3 Das Zeitverhalten des Hauptantriebs mit Meßeinrichtung

Bei der ACC-Anwendung ist die Kenntnis des Zeitverhaltens des
Hauptantriebs mit Meßeinrichtung aus folgenden Gründen wichtig:

1. Aus der Kennkreisfrequenz $\omega_{HA,ME}$ kann abgeschätzt werden,
   inwieweit die Meßgröße P_{ME} bzw. M_{ME} dynamische Änderungen
   der Spanungsbedingungen wiedergeben kann.

2. Die Kenngrößen Zeitkonstante $T_{HA,ME}$ und Dämpfungsgrad
   $D_{HA,ME}$ werden zur Festlegung der Reglerparameter, insbesondere des Modells der Regelstrecke (s.5.3.4) benötigt.

Das gesuchte Zeitverhalten

$$F(p) = P_{ME}(p)/P_S(p) \quad \text{bzw.} \quad F(p) = M_{ME}(p)/M_S(p) \qquad (4-29)$$

ist grundsätzlich nicht identisch mit dem Führungs- oder
Störverhalten drehzahlgeregelter Hauptantriebe. Eine analyti-

sche Ermittlung der Übertragungsfunktionen nach Glg.(4-19) ist wesentlich erschwert, da durch die zum Teil vorhandenen Multiplikations- und Divisionsglieder (s.Bild 4-7), die Übertragungsfunktionen nichtlinear sind.

Eine geeignete Methode zu einer näherungsweisen Bestimmung des Zeitverhaltens bietet beim Drehen der Anschnitt unter folgenden Bedingungen:

- $T_{Sp} > 10\ T_{HA,ME}$ (erfüllt für z.B. $T_{Sp} = 1$ s) und
- Anschnitt eines planen und zylindrischen Werkstücks mit konstanter Vorschubgeschwindigkeit,

wodurch die Eingangsfunktion $P_S(t)$ bzw. $M_S(t)$ rampenförmig verläuft. Kann der Hauptantrieb mit Meßeinrichtung durch ein PT1-Glied angenähert werden, was bei Drehstromhauptantrieben möglich ist /29/, so ist der Antwortfunktion die Zeitkonstante $T_{HA,ME}$ unmittelbar zu entnehmen. Drehzahlgeregelte Hauptantriebe neigen bei Belastungsänderungen zum Über- oder Unterschwingen der Drehzahl und somit auch der Meßgrößen P_{ME}, M_{ME} und stellen daher mindestens ein PT2-Glied dar. Für die Nachbildung des Zeitverhaltens des Hauptantriebs mit Meßein-

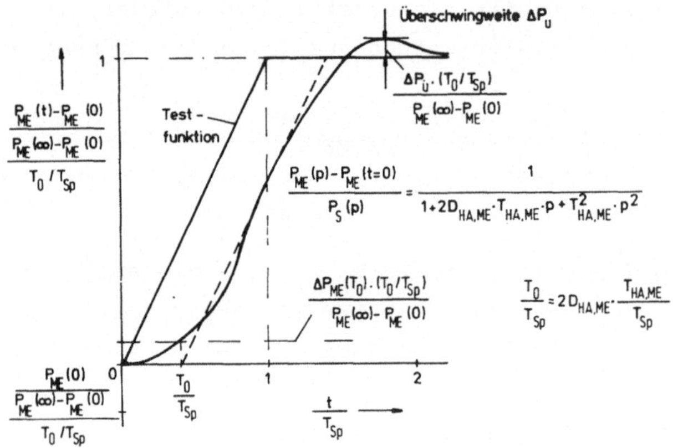

Bild 4-10: Kennwerte des Hauptantriebs mit Meßeinrichtung als PT2-Glied für die Testfunktion Rampe

richtung durch ein Modell genügt eine Näherung durch ein
PT2-Glied.

Bild 4-10 zeigt die Testfunktion Rampe und die Antwortfunktion für das Beispiel Leistungsmessung. Mit den Größen
$\Delta P_{ME}(T_0)$, $\Delta P_{ü}$ - falls vorhanden - und T_0/T_{Sp}, die der Antwortfunktion zu entnehmen sind, sowie dem Diagramm in
Bild 4-11 ist der Dämpfungsgrad $D_{HA,ME}$ bestimmt. Mit der Beziehung

$$T_{HA,ME} = (T_0/D_{HA,ME})/2$$

ist auch der zweite Parameter des durch ein PT2-Glied angenäherten Hauptantriebs mit Meßeinrichtung ermittelt.

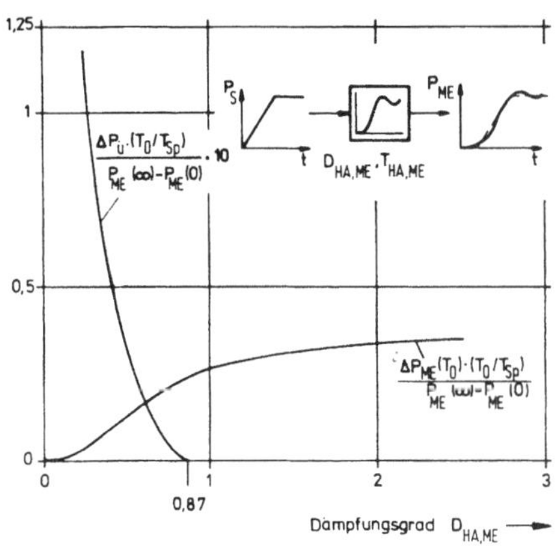

Bild 4-11:
Zusammenhang zwischen
$\Delta P_{ü}$, $\Delta P_{ME}(T_0/T_{Sp})$ und
dem Dämpfungsgrad
$D_{HA,ME}$

Die Parameter $T_{HA,ME}$ und $D_{HA,ME}$ sind anlagenabhängig.
Wesentliche Einflußgrößen sind das Massenträgheitsmoment des
wirksamen Getriebezuges, aber auch die Reglerparameter des
Drehzahl- und des Motorstrom-Reglers bei drehzahlgeregelten
Hauptantrieben. Messungen an Drehmaschinen ergaben für einen drehzahlgeregelten Hauptantrieb mit Leonard-Umformer
die Parameter $T_{HA,ME} = 0,1$ s und $D_{HA,ME} = 0,4$ und für
einen Drehstromhauptantrieb, hier konnte das Zeitverhalten
durch ein PT1-Glied angenähert werden, abhängig von Getriebe-

stellung $T_{HA,ME}$ = (0,04...0,08)s. Betrachtet man den ungünstigsten Fall $T_{HA,ME}$ = 0,1 s, so ist die Kennkreisfrequenz des Hauptantriebs und der Meßeinrichtung $\omega_{HA,ME}$ = 10 s^{-1}. D.h., über die Meßwerte M_{ME} bzw. P_{ME} können ohne wesentlicher Dämpfung der Amplitude nur solche Änderungen der Spanungsbedingungen erfaßt werden, deren Bandbreite auf $\omega_{HA,ME}$ beschränkt ist. Hier sind jedoch, insbesondere für die „kritische Bearbeitung", verschiedene Fälle zu betrachten:

1. Exzentrizität des Werkstücks. Die Änderung der Schnittiefe tritt periodisch mit der Kreisfrequenz ω_{Sp} = $2\pi n_{Sp}$ auf. Diese Änderung kann über die Meßwerte M_{ME} bzw. P_{ME} nur dann voll erkannt werden, wenn die Spindeldrehzahl die Bedingung erfüllt

$$n_{Sp} \approx \frac{\omega_{HA,ME}}{2} \approx 100 \text{ min}^{-1} \qquad (\omega_{HA,ME} = 10 \text{ s}^{-1}) \qquad (4\text{-}30).$$

Die obige Bedingung ist hauptsächlich dann zu erfüllen, wenn die Belastung des Werkzeugs als statische Grenze des Bearbeitungsprozesses wirksam ist. Sind die Belastungsgrenzen der WZM wirksam, was bei der Schruppbearbeitung, insbesondere der Mehrschnittbearbeitung, oft der Fall ist, so kann eine höhere Drehzahl gewählt und eine vorübergehende Überlastung der WZM in Betracht gezogen werden. Dies ist im Einzelfall zu prüfen.

2. Sprunghafte Änderung der Spanungsbedingungen (z.B. der Schnittiefe). Diese sind nur dann über die Meßwerte zu erfassen, wenn sie während einer Spindelperiode T_{Sp} länger als $T_{HA,ME}$ andauern. Entscheidend dabei ist, daß die Zunahme der „statischen Verstärkung" $K_{Z,2}$ und nicht ihre Abnahme mindestens für die Zeitdauer $T_{HA,ME}$ anhält, weil in diesem Fall eine Regelung auf die Maximalwerte der Kenngröße möglich ist.

Folgerungen für die ACC-Anwendung

Unter gewissen Einschränkungen bei der „kritischen Bearbeitung" stellt die Messung der Kenngrößen des Spanungsprozesses über den Hauptantrieb ein brauchbares und einfaches Verfahren dar. Bei der Entwicklung eines ACC-Systems ist die „kritische Bearbeitung" als eine „ACC-Betriebsart" zu berücksichtigen, die insbesondere dann als VGI einzugeben ist, wenn die Zunahme der „statischen Verstärkung" sprunghaft und kurzzeitig (kürzer als $T_{HA,ME}$) wirksam ist.

4.7.2 Erfassung des Schnittbeginns

Als ein geeignetes und preiswertes Verfahren zur Erkennung des Schnittbeginns hat sich ein Schnittsensor erwiesen, der mit Hilfe eines Beschleunigungsaufnehmers die Zerspangeräusche erfaßt /27/. Die einzige Bedingung für den Einsatz des Sensors stellt der Anbringungsort des Beschleunigungsaufnehmers dar. Dieser ist so zu wählen, daß die Maschinenelemente, welche sich zwischen der Schneide und der Anschraubstelle des Sensors befinden, eine feste metallische Verbindung besitzen. Der Schmierfilm in Lagern und Führungen wirkt stark dämpfend auf die Amplitude der Körperschallschwingung. Diese Eigenschaft erlaubt es, den Sensor auch bei der Mehrwegbearbeitung einzusetzen, wenn er auf dem ACC-gesteuertenSchlitten montiert ist.

Zusammenfassend ergeben sich aus der Betrachtung der Kenngrößen und Eigenschaften des Bearbeitungsprozesses innerhalb dieses Kapitels die im folgenden genannten Hinweise für die Realisierung einer ACC-Einrichtung.
Das statische und das dynamische Modell der Mehrschnitt- und Mehrwegbearbeitung zeigen, daß der Parameter Verstärkung veränderlich und als nicht bekannt zu betrachten ist. Der Parameter „Ersatztotzeit" ist zwar ebenfalls veränderlich, er kann aber über die Spindeldrehzahl erfaßt werden. In der ACC-Einrichtung ist daher ein selbstanpassender Regler mit „direkter Anpassung" der Verstärkung und „indirekter oder gesteuerter Anpassung" der Nachstellzeit einzusetzen.

Für den Anschnittvorgang und seine Steuerung sind der „kritische" und der „unkritische" Anschnitt zu unterscheiden und

als ACC-Betriebsarten vorzugeben (VGI). Entsprechend sind
während der Bearbeitung die „kritische" und die „unkritische"
Bearbeitung zu unterscheiden und ebenfalls als ACC-Betriebsarten einzugeben (VGI).

Für die Erfassung der Auslastung des Bearbeitungsprozesses
und des Schnittbeginns stellen die Messung der Leistung des
Hauptantriebs und die Messung der Zerspangeräusche eine preis-
werte und an allen WZM einsetzbare Lösung dar. Sie werden deshalb für die ACC-Einrichtung, die im nächsten Kapitel zu behandeln ist, als Kenngrößen des Bearbeitungsprozesses verwendet. Die Leerlaufverluste und die Beschleunigungsleistung
des Hauptantriebs sind in der ACC-Einrichtung zu berücksichtigen.

5 Die ACC-Einrichtung

In der Literatur sind verschiedene Lösungen von ACC-Einrichtungen für spanende WZM bekannt geworgen, die, bedingt durch
ihre weitgehend gleiche Zielsetzung - Auslastung und Überwachung von WZM, Werkzeug und Spanungsprozeß - sowie durch die Eigenheiten des Spanungsprozesses, eine grundsätzlich ähnliche
Struktur aufweisen. Sie beinhalten bestimmte Funktionen wie
Regler, Begrenzer und Anschnittsteuerung. Unterschiede sind
vornehmlich in der Ermittlung der ACC-Kenngrößen (Meßwertgeber und Aufbereitung der Meßsignale) und der Realisierung
einzelner Funktionen, z.B. des Reglers, zu sehen. Die Behandlung der Probleme der Kopplung und des Zusammenwirkens einer
ACC-Einrichtung mit der WZM und ihrer Steuerung, die sich an
dieses Kapitel anschließt, bedarf der Darstellung einer allgemeinen Struktur der ACC-Einrichtung. Ihre Funktionen sind
so gegeneinander abzugrenzen, daß sie gleichartige Teilaufgaben zusammenfassen und definierte Schnittstellen zur WZM
und Steuerung haben.
In den folgenden Abschnitten sollen, ausgehend von der Gesamtheit der in einem ACC-System zu verarbeitenden Informationen, diese so eingeteilt werden, daß eine einfache Bedienung und Inbetriebnahme des Systems möglich wird. Für
die ACC-Funktionen sollen Realisierungsmöglichkeiten gezeigt werden, welche die Anforderungen, die durch die Steuerung der WZM und den Bearbeitungsprozeß gegeben sind, zu erfüllen erlauben.

5.1 Informationsfluß einer ACC-Einrichtung und ihre Schnittstellen

Der Fluß der ACC-Informationen in einem Fertigungssystem ist
im Bild 5-1 dargestellt. Die Verarbeitung der ACC-Informationen im Steuersystem soll in den nachfolgenden Kapiteln 6 und
7 behandelt werden. An dieser Stelle sind lediglich die Informationen, die über die Schnittstelle des Fertigungssystems
zur ACC-Einrichtung fließen, zu betrachten. Dies sind die be-

reits im Abschnitt 2.2 definierten Zustands- und Vorgabeinformationen VGI sowie die Steuerinformationen.

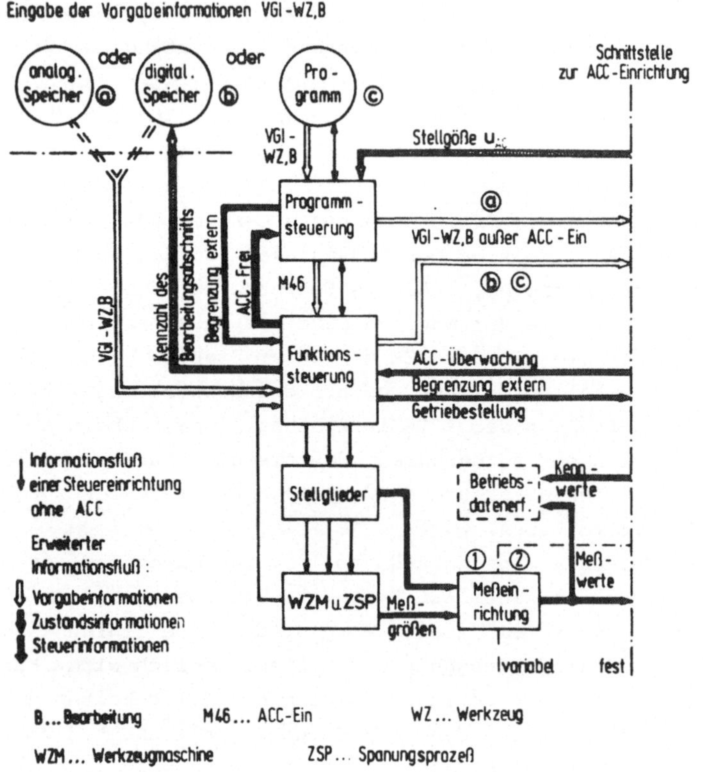

<u>Bild 5-1</u>: Informationsfluß in einer Fertigungseinrichtung mit ACC

Die Schnittstellen der ACC-Einrichtung zur Fertigungseinrichtung
sind so festgelegt, daß sie unabhängig von der Steuerungsart
und dem Verfahren der Meßwertermittlung sind. Die Meßeinrichtung ist daher zunächst als nicht zur ACC-Einrichtung zugehö-
rig zu betrachten. In der Praxis sind jedoch für die Meßwertermittlung oft Rechenoperationen notwendig, z.B. Multiplika-
tion, die vorteilhaft in der ACC-Einrichtung durchgeführt
werden können. In Bild 5-1 ist daher die Meßeinrichtung in
zwei Teile aufgespalten, wobei Teil 2 eine variable Erweite-
rungsfunktion (variable Schnittstelle) der ACC-Einrichtung

darstellt. Für das Beispiel Leistungsmessung an einem Drehstromhauptantrieb (s.Bild 4-6) bedeutet dies, daß die Strom-
und Spannungswandler Bestandteile der Stellglieder sind und
die Berechnung des Meßwerts P_{ME} ein Bestandteil der ACC-Einrichtung ist.

Die Eingangsgrößen der ACC-Einrichtung an der „festen Schnittstelle" sind für eine Leistungsregelung die analogen Signale

- Meßwerte wie Leistung P_{ME}, Schnittsignal und Spindeldrehzahl n_{Sp} und
- analoge VGI, im folgenden als Vorgabewerte (VGW) bezeichnet, sowie die binären Signale
- „externe Begrenzung" der Stellgröße (s.3.2.2), Getriebestellung, falls mehrere M_{max} zu unterscheiden sind, und
- binäre VGI, im folgenden als Vorgabeschaltfunktionen (VGS)
  bezeichnet.

Die Ausgangsgrößen sind die analogen Signale

- Stellgröße u_{AC} und
- Kennwerte zur Betriebsdatenerfassung oder anderweitiger
  Verarbeitung, z.B. Anzeige,

sowie das binäre Signal

- „ACC-Überwachung", welches die Betriebsbereitschaft der
  ACC-Einrichtung an die Funktionssteuerung meldet (Überwachung der Stromversorgung und der Pegel der Meßwerte).

Die Ausführung der Schnittstellen für die analogen Signale
entspricht der Norm DIN 19 232 /32/. Der Signalbereich der
Gleichspannungen ist ± 10 V, der zulässige Bereich des Aus-
gangsstroms beträgt ± 10 mA und die Eingangsimpedanz ist auf
47 kΩ festgelegt. Die Ausgänge sind kurzschlußfest. Die Zuordnung der Gleichspannung ist so zu wählen /5/, daß 10 V den
Maximalwerten der Meßwerte, Vorgabewerte und der Stellgröße
entsprechen. Für die an Drehmaschinen eingesetzten ACC-Einrichtungen (s.Kapitel 8) wurden die Zuordnungen wie folgt ge-

wählt:

- für die Leistungswerte P_{ME}, P_{max}, P_f : 10 V $\widehat{=}$ 50 kW,
- für die Schnittkräfte $F_{S,max}$, $F_{S,s}$: 10 V $\widehat{=}$ 20000 N,
- für das Drehmoment M_{max} : 10 V $\widehat{=}$ 2000 Nm,
- für den Vorschub s_{max} : 10 V $\widehat{=}$ 2 mm,
- für die Spindeldrehzahl n_{Sp} : 10 V $\widehat{=}$ 2000 min^{-1},
- für die Stellgröße u_{AC}, u_A : 10 V $\widehat{=}$ 2 m/min.
- für die Schnittgeschwindigkeit $v_{S,s}$: 10 V $\widehat{=}$ 500 m/min.

Dadurch ist es möglich eine ACC-Einrichtung bei gleichbleibender Anpassung an einem großen Spektrum von Drehmaschinen einzusetzen.

Die Schnittstellen der binären Signale entsprechen der Richtlinie VDI-3422 /15/. Hier sind Relais-Ein- und -Ausgaben gewählt, da die Schnittstellen der meisten Funktionssteuerungen ebenfalls in dieser Art ausgeführt sind.

5.2 Einteilung der Vorgabeinformationen

Die VGI sind hier in Vorgabewerte VGW und Vorgabeschaltfunktionen VGS eingeteilt. Die große Anzahl der VGI, die einer

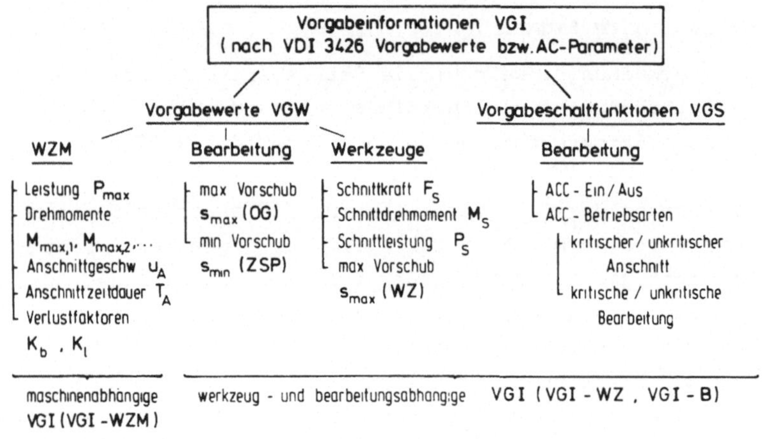

Bild 5-2: Einteilung der Vorgabeinformationen

ACC-Einrichtung einzugeben sind, führt zu einem erheblichen
Aufwand bei ihrer Einstellung bzw. Programmierung. Es ist
deshalb erforderlich, die VGI wie im <u>Bild 5-2</u> gezeigt einzu-
teilen. Die VGI-WZM sind an einem Bedienfeld innerhalb der
ACC-Einrichtung bei der Inbetriebnahme einzustellen. Dieses
stellt daher als eine interne ACC-Einstelleinheit eine Funktion der ACC-Einrichtung dar.

5.3 Die Funktionen der ACC-Einrichtung

Die verschiedenen Aufgaben einer ACC-Einrichtung, die in einzelnen Schaltungen verwirklicht sind, können zu Funktionen
zusammengefaßt werden, die gleichartige Aufgaben erfüllen.

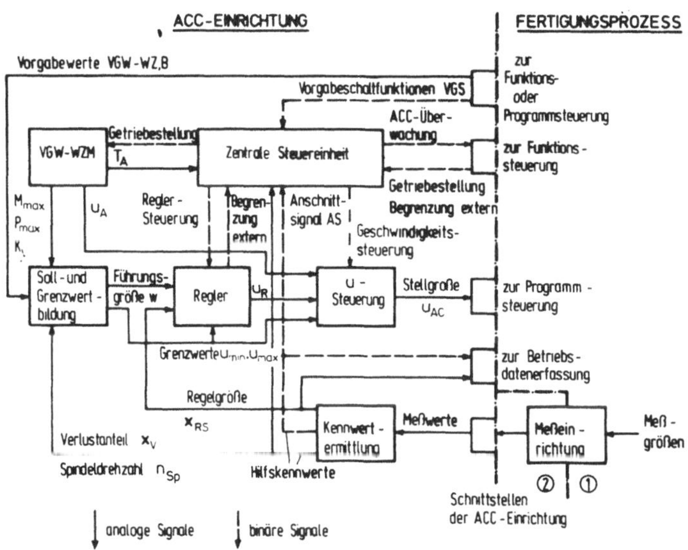

<u>Bild 5-3</u>: Funktionen und Signale einer ACC-Einrichtung

<u>Bild 5-3</u> zeigt die Funktionen und die wesentlichsten analogen
und binären Signale einer ACC-Einrichtung mit der Regelgröße

Leistung. Die Aufgaben einer ACC-Einrichtung und insbesondere
der Funktion Regler ergaben sich aus der Betrachtung des Bearbeitungsprozesses. Die folgenden Abschnitte sollen diese
Aufgaben zusammenfassen und die prinzipielle Realisierung der
Funktionen verdeutlichen.

5.3.1 Die Kennwertermittlung

Die Aufgabe der Kennwertermittlung ist es, die Meßwerte zu
Kennwerten des Bearbeitungsprozesses zu verarbeiten.
Im einzelnen sind es die Aufgaben:

- Ermittlung der Leistungsverluste $x_V = P_V$
- Ermittlung der Beschleunigungsleistung P_b
- Berechnung der Regelgröße $x_{RS} = P_i$ und
- Erzeugung eines Anschnittsignals AS.

a) Ermittlung der Leistungsverluste

Die einfachen Zusammenhänge (Glg.(4-26) und Glg.(4-27)) zwischen den Verlusten, der Spindeldrehzahl und der aufgenommenen Leistung, gestatten die Verluste mit geringem Aufwand für
die ACC-Anwendung zu ermitteln (<u>Bild 5-4</u>). Im genannten Bild

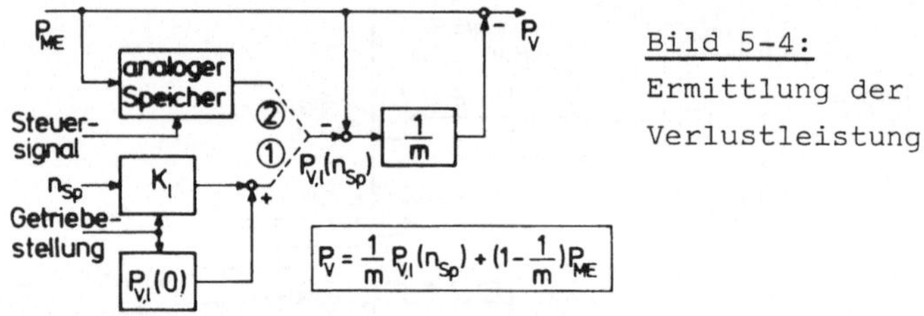

<u>Bild 5-4:</u>
Ermittlung der
Verlustleistung

sind für die Bestimmung der Leerlaufleistung zwei Lösungen
dargestellt. Die Lösung ① beruht auf Glg.(4-27). Da die Konstanten K_1 und $P_{V,1}(0)$ für alle Spindeldrehzahlstufen vorzugeben sind (Potentiometer) kann diese Lösung für Getriebe mit
vielen Getriebestellungen aufwendig sein, für nur manuell
schaltbare Getriebe ist sie nicht geeignet. Die Lösung ② verwendet einen analogen Speicher, der beim Verfahren schnitt-

freier Wege mit Schnittpausen größer als 1 Sekunde (Zeit
zum Abklingen der Leistung des vorhergehenden Schnitts) die
Leerlaufleistung aufnimmt und beim Schnittbeginn abspeichert.
Für die Realisierung des Speichers ist ein chopperstabili-
sierter Operationsverstärker zu verwenden. Die Steigung der
Leistungskennlinie m ist experimentell durch Vorgabe defi-
nierter Schnittbedingungen und Messung der aufgenommenen Leistung zu bestimmen (Bild 4-8).

b) Ermittlung der Beschleunigungsverluste

Glg.(4-28) beschreibt den Zusammenhang zwischen der Beschleunigungsleistung P_b, dem Trägheitsmoment des Hauptantriebs und
der Spindeldrehzahl. Aus dieser Gleichung folgt direkt das in
Bild 5-5 gezeigte Prinzip der Ermittlung von P_b aus der Spindeldrehzahl. Die Koeffizienten K_b sind als VGI-WZM in der ACC-
internen Einstelleinheit enthalten und werden abhängig von
der Getriebestellung vorgegeben. Da der differenzierte Spin-
deldrehzahlmeßwert aufgrund der Differentiation starke Störungen aufweist, ist er zu glätten. Ein geeignetes Glättungsglied ist ein PT1-Glied mit der Zeitkonstanten des Hauptantriebs mit Meßeinrichtung $T_{HA,ME}$.

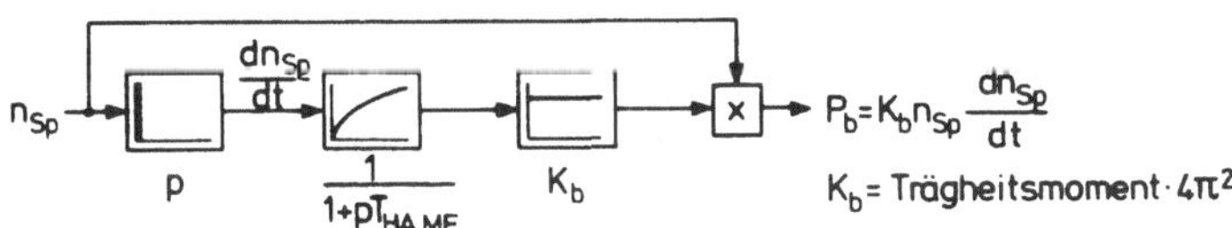

Bild 5-5: Ermittlung der Beschleunigungsleistung aus der
          Spindeldrehzahl

c) Berechnung der Regelgröße

Die Ausführungen in 4.5 und 4.7.1.3 zeigen, daß die Forderung
besteht, auf den während einer Spindelumdrehung auftretenden
Maximalwert der Kenngröße des Spanungsprozesses zu regeln.
Hierzu sind die zwei Verfahren einsetzbar:

1. Regelung auf den Spitzenwert des Meßwerts P_{ME} durch seine

Speicherung für die Dauer einer Spindelumdrehung /6,26/
- Aufgabe der Kennwertermittlung.

2. Regelung auf die Spitzenwerte von P_{ME} durch die Ausgabe
   des kleinsten während einer Spindelumdrehung auftretenden
   Werts der Stellgröße u_{AC} für die Dauer einer Spindelumdrehung - Aufgabe des Reglers.

In der ACC-Einrichtung ist das zweite Verfahren eingesetzt
(s.5.3.3). Die Regelgröße ist daher bestimmt durch die Sub-
traktion

$$x_{RS} = P_{ME} - P_V - P_b$$

wobei P_V nach Bild 5-4 und P_b nach Bild 5-5 gegeben sind.

d) Erzeugung des Anschnittsignals AS

Ein wesentliches Element der Erzeugung des Anschnittsignals
ist ein Komparator, der beim Erreichen einer vorgegebenen
Schaltschwelle des Schnittsignals das Signal AS an die Funktion „Zentrale Steuerung" ausgibt. Das Prinzip der Bildung
des Anschnittsignals beim Einsatz eines Beschleunigungsaufnehmers als Schnittsensor ist in /27/ beschrieben.

5.3.2 Die Soll- und Grenzwertbildung

Die Funktion Soll- und Grenzwertbildung hat die Aufgabe, aus
den VGI und einigen Zustandsinformationen wie Getriebestellung einen Führungswert $w = P_f$ für den technologischen Regelkreis und Grenzwerte für die Stellgröße u_{AC} derart zu bilden,
daß der Bearbeitungsprozeß innerhalb bzw. am Rand des s,v-Fel-
des (Bild 4-6) abläuft.

Die Grenzwerte für die Vorschubgeschwindigkeit sind gegeben
durch die Beziehungen

$$u_{min} = n_{Sp} s_{min}$$
$$u_{max} = n_{Sp} s_{max}.$$

Eine Möglichkeit der Erzeugung des Führungswerts P_f für eine
Leistungsregelung zeigt <u>Bild 5-6</u>. Das Prinzip der Ermittlung
von P_f beruht darauf, daß aus den Sollwerten $F_{S,s}$ und $v_{S,s}$, die
den Ziel-Arbeitspunkt festlegen, und den Grenzwerten der WZM
und ihrer Stellglieder jeweils eine Leistung berechnet wird.

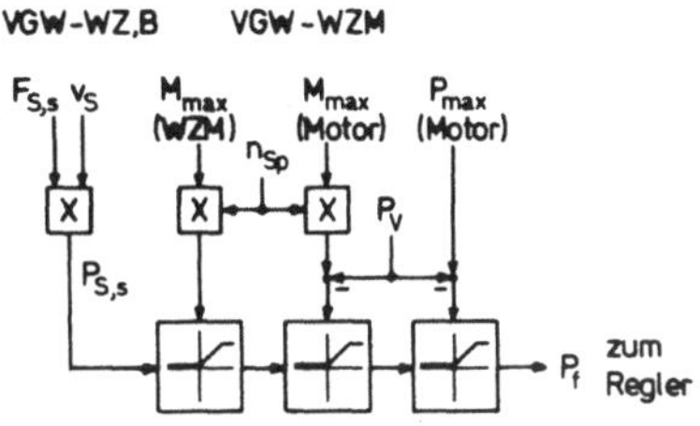

Bild 5-6:
Erzeugung der Führungs-
größe für den technologi-
schen Regelkreis

Die Führungsgröße bildet der relativ kleinste Leistungswert.
Dadurch ist die Einhaltung des zulässigen Arbeitsbereichs un-
ter Berücksichtigung aller Grenzen gesichert. Die Grenze
M_{max}(WZM) ist von der Getriebestellung abhängig vorzugeben.

5.3.3 Die „Zentrale Steuereinheit"

Die Funktion „Zentrale Steuereinheit" koordiniert und steuert
die Arbeit der restlichen Funktionen der ACC-Einrichtung.
Hierzu werden verarbeitet (Bild 5-3):

- die programmierten ACC-Betriebsarten (VGS-B)
  - kritischer/unkritischer Anschnitt,
  - kritische/unkritische Bearbeitung,
die Kennwerte
  - Anschnittsignal AS
  - Spindeldrehzahl n_{Sp}, aus dieser wird die Spindelperio-
    dendauer berechnet,
- die Zustandsinformationen
  - „Begrenzung extern",
  - Getriebestellung (wird weitergeleitet an die Funktion
    VGW-WZM)
- der VGW Anschnittzeitdauer T_A (s.4.4),
- das Signal des Reglers „Begrenzung intern" sowie

- die Führungsgröße w und die Regelgröße x_{RS}, aus denen die
  Regelabweichung $w-x_{RS}$ gebildet wird.

Die Ausgangssignale der „Zentralen Steuereinheit" sind die
Meldung der Betriebsbereitschaft an die Funktionssteuerung
sowie Steuersignale an die Funktion Regler und „u-Steuerung". Falls innerhalb der Kennwertermittlung ein Speicher
für die Leerlaufleistung Einsatz findet, ist auch dieser
durch die „Zentrale Steuereinheit" zu steuern.

5.3.4 Der Regler

Die Regelstrecke des technologischen Regelkreises (Bild 2-4)
mit der Kenngröße Schnittleistung, die über den Hauptantrieb
ermittelt wird, ist bestimmt durch das Zeitverhalten der
Übertragungsglieder

1. „Steuerung der Vorschubbewegung" (s.3.1.2 u. 3.2.2)
2. Zerspanprozeß (s.4.3) und
3. Hauptantrieb mit Meßeinrichtung (s.4.7.1.3).

Während die Parameter des zuerst und des zuletzt genannten
Übertragungsgliedes als konstant bzw. sich nur gering ändernd
(Hauptantrieb) angesehen werden können, sind die Parameter
des Spanungsprozesses im weiten Bereich veränderlich. Aus den
Ausführungen in 4.2 und 4.3 folgte daher die Forderung, einen selbstanpassenden Regler mit einer „direkten Anpassung"
der Reglerverstärkung und einer „gesteuerten Anpassung" der
Reglernachstellzeit einzusetzen. Eine weitere Forderung folgte aus der „kritischen Bearbeitung" und zwar die Regelung
auf die Maximalwerte der Kenngröße des Spanungsprozesses bzw.
ihres Meßwerts. Die Teilfunktionen des Reglers sind daher:

- Vergleich der Regelgröße mit der Führungsgröße.
- Zeitglied zur Festlegung des Regelverhaltens,
- selbsttätige Anpassung der Reglerparameter an die Strecken-
  parameter,
- Glieder mit nichtlinearer Kennlinie und zwar der Vorschub-

begrenzer sowie ein Glied, das die Regelung auf den Maximalwert der Regelgröße erlaubt.

5.3.4.1 Die Reglerstruktur

Für den Einsatz von ACC-Systemen an spanenden WZM wurde zur
Realisierung der Reglerfunktionen eine Reglerstruktur ent-
wickelt, die den Eigenschaften der Regelstrecke in besonderem
Maße nachkommt. Das Regelsystem ist in /24/ beschrieben und
analysiert. Die prinzipielle Struktur des Reglers zeigt
Bild 5-7. Seine Bestandteile sind:

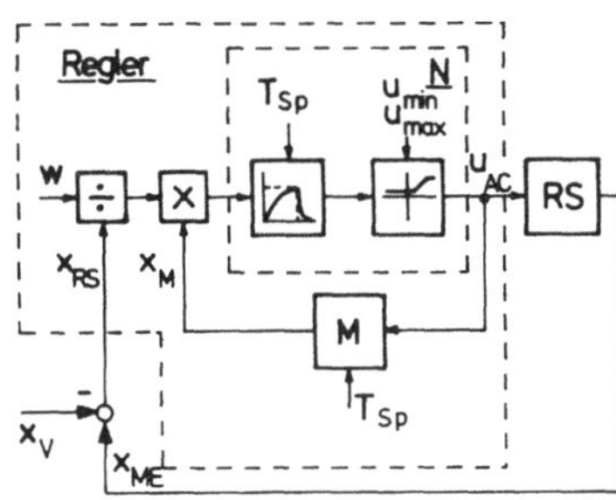

Bild 5-7:
Regler mit Modellrückkopplung für variable Streckenverstärkung (Für eine Leistungsregelung ist $w = P_f$
u. $x = P$ zu setzen)

- ein Divisions/Multiplikations-Element (Modul)
- ein Steuerglied N und
- ein Modell M der Regelstrecke RS.

Das Modell M stellt eine Nachbildung des Zeitverhaltens der
Übertragungsglieder der Regelstrecke dar. Seine Verstärkung ist K_M, die Zeitkonstante des Modells des Spanungsprozesses wird gesteuert der Spindeldrehzahl nachgeführt.
Das Divisions-/Multiplikations-Element hat die Aufgabe der
Bildung eines Regelquotienten w/x_{RS} anstatt einer Regelabweichung und der Verarbeitung der Modellausgangsgröße x_M
zu wx_M/x_{RS}. Die Bildung des Regelquotienten statt der Regel-
differenz wirkt sich besonders günstig bei multiplikativen
Störeinflüssen auf die Regelstrecke, wie sie bei ACC-Systemen gegeben sind, aus. Das Steuerglied bietet die Möglichkeit

gewünschte nichtlineare Glieder und Kennlinien, in diesem Anwendungsfall den Vorschubbegrenzer und ein Glättungsglied,
das näherungsweise auf die Maximalwerte der Kenngröße zu regeln erlaubt, zu realisieren. Das Glättungsglied ist als ein
„nichtlineares PT1-Glied" ausgeführt, dessen Anstiegszeitkonstante für zunehmende Werte von wx_M/x_{RS} groß und dessen Ab-
fallzeitkonstante für abnehmende Werte wx_M/x_{RS} klein ist.
Die Anstiegszeitkonstante wird der Spindeldrehzahl selbsttätig angepaßt /24/. Stationär (w = 1) und im Bereich
$u_{min} < u_{AC} < u_{max}$ haben das Steuerglied die Verstärkung
$K_N = u_{AC}/(x_M/x_{RS}) = 1$, das Modell die Verstärkung
$K_M = x_M/u_{AC}$ und die Regelstrecke die Verstärkung $K_{RS} =$
$= x_{RS}/u_{AC}$. Die Verstärkung des Regelkreises ist hiermit

$$K_N \cdot K_{RS} \cdot \frac{x_M}{x_{RS}} = K_N \cdot K_M = K_M = \text{konst.},$$

d.h., sie ist von der veränderlichen Verstärkung der Regelstrecke unabhängig. Die Auslegung der Reglerelemente ist in
/24/ beschrieben.

5.3.3.2 Die Steuerung des Reglers

In ACC-Einrichtungen sind im allgemeinen Regler mit PI-Ver-
halten eingesetzt. Die im letzten Abschnitt beschriebene
Reglerstruktur mit Modellrückkopplung besitzt im Prinzip
ebenfalls das Zeitverhalten eines PI-Reglers, er wird des-

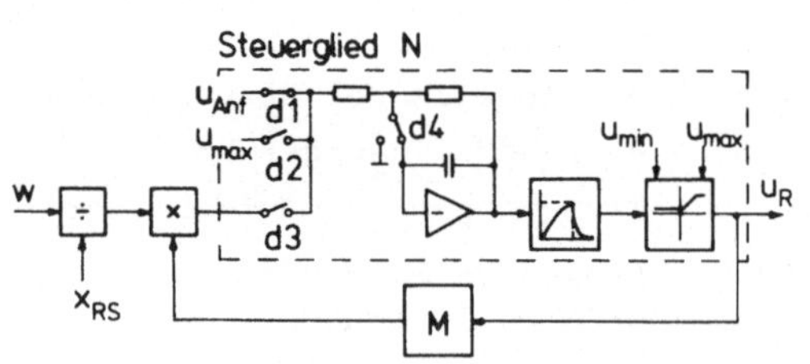

	d1	d2	d3	d4
ANF	-	-	-	-
ANF-ST	×	×	-	-
RE	×	-	×	-
SP	×	-	-	×

- Kontakt in Ruhestellung
× Kontakt geschaltet

Bild 5-8: Realisierung der Reglerbetriebsarten

halb in /24/ für den Sonderfall, daß das Modell ein PT1-Glied
ist, als ein „nichtlinearer PI-Regler" bezeichnet. Das inte-
grierende Verhalten des Reglers, die verschiedenen ACC-Betriebsarten und die Begrenzungen der Stellgröße, fordern eine
Steuerung des Reglers. Für den Regler sind daher verschiedene
Regler-Betriebsarten zu unterscheiden und zwar

- Anfangswert-Setzen ANF
- Anfangswert-Steuern ANF-ST
- Rechnen RE und
- Speichern SP.

Die Betriebsarten sind mit Hilfe eines in das Steuerglied
eingefügten analogen Speichers, den die „Zentrale Steuereinheit" steuert, realisiert.

Die Betriebsart Anfangswert-Setzen ANF ist wirksam, wenn
nicht zerspant wird, d.h. kein Anschnittsignal AS vorhanden
ist, und während der jeweils ersten Spindelumdrehungszeit
T_{Sp} nach dem Anschnitt - nach dieser Zeit ist die durch den
Anschnittvorgang hervorgerufene Überhöhung der Regelgröße
weitgehend abgeklungen. Zusätzlich ist der Regler auf ANF gesetzt, wenn die ACC-Betriebsart „kritische Bearbeitung" vorgegeben ist.
Die Betriebsart RE ist wirksam, solange das Werkzeug nach der
ersten Spindelperiode im Schnitt ist und die Stellgröße nicht
begrenzt wird.
Der Reglerzustand SP ist gegeben, sobald das Werkzeug nicht
zerspant, höchstens jedoch für die Dauer einer Spindelperiode
nach dem letzten Zerspanvorgang. Daraus resultiert, daß z.B.
beim unterbrochenen Schnitt, wenn dieser nicht durch die ent-
sprechende ACC-Betriebsart von vornherein gekennzeichnet ist,
während der schnittfreien Zeit - kleiner als eine Spindelperiode - der Regler nicht weiter integriert. Zusätzlich ist
SP vorzugeben, wenn die Stellgröße durch die Bahnsteuerung
begrenzt wird (externe Begrenzung BGE), jedoch nur so lange
die Regelabweichung $w-x_{RS}$, die in der „Zentralen Steuerein-

heit" gebildet wird, größer Null ist. Ändert die Regelabweichung ihr Vorzeichen, $(w-x_{RS}) < 0$, z.B. durch eine Zunahme
der Schnittiefe, so ist von der Betriebsart SP auf RE umzuschalten.

Die Betriebsart ANF-ST ist vorzugeben, wenn die Stellgröße
durch den Vorschubbegrenzer auf den Wert u_{max} begrenzt wird,
jedoch wie bei SP nur so lange die Regelabweichung größer
Null ist. Der Einsatz von ANF-ST anstatt SP erlaubt die Nach-
führung des Ausgangswerts u_R des Reglers dem durch eine veränderliche Drehzahl sich ändernden Grenzwert $u_{max} = n_{Sp}s_{max}$.
Dieser Fall ist gegeben beim Plandrehen mit konstanter
Schnittgeschwindigkeit. Die Betriebsart ANF-ST stellt dadurch sicher, daß auch beim veränderlichen Grenzwert der
Stellgröße der Regler beim Übergang von ANF-ST auf RE stets
mit der aktuellen Anfangsbedingung seine Tätigkeit beginnt.

5.3.5 Die Geschwindigkeitssteuerung („u-Steuerung")

Die Funktion „u-Steuerung" erfüllt folgende Aufgaben:

- Steuerung des Anschnittvorgangs, wobei entsprechend den
  ACC-Betriebsarten (s.4.4)
  - der „kritische" Anschnitt und
  - der „unkritische" Anschnitt
  zu unterscheiden sind. Für den „unkritischen" Anschnittvorgang sind zusätzlich die Fälle zu realisieren
    - $T_A < T_{Sp}$ und
    - $T_A \geq T_{Sp}$.
- Steuerung der Vorschubgeschwindigkeit während der vorgegebenen ACC-Betriebsart „kritische Bearbeitung" (s.4.5).

Die prinzipielle Realisierung der Funktion „u - Steuerung"
zeigt Bild 5-9. Das Glied „Steuerung des Anschnitts" beinhaltet das Steuergesetz für den Abbremsvorgang. Das Steuergesetz
kann als „normale" Steuerung, d.h. durch Nullsetzen der Anschnittgeschwindigkeit u_A im Zeitpunkt der Anschnitterkennung,

oder nach dem in /33/ beschriebenen Verfahren als „zeitoptimale" Steuerung realisiert sein. Der Einsatz der zeitoptima-
len Steuerung erlaubt den Abbremsweg z.T. bis zu 50 % zu ver-

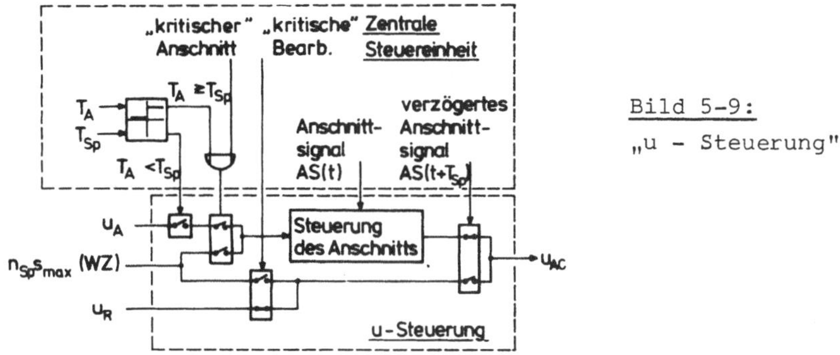

Bild 5-9:

„u – Steuerung"

ringern, setzt aber einen zwei Quadranten umfassenden Stellbereich der Sollbahngeschwindigkeit sowie eine sehr gute Kon-
stanz der Antriebsparameter Kennkreisfrequenz, Dämpfung und
Totzeit voraus /33/.

Die Bildung der Stellgröße u_{AC} aus den Eingangsgrößen der
„u-Steuerung" ist von folgenden Betriebszuständen abhängig:

- AS(t) = 0, AS(t+T_{Sp}) = 0 (Werkzeug nicht im Schnitt):
  - „unkritischer" Anschnitt
    - $T_A < T_{Sp}$: $u_{AC} = u_A$
    - $T_A \geq T_{Sp}$: $u_{AC} = n_{Sp} \cdot s_{max}$(WZ)
  - „kritischer Schnitt": $u_{AC} = n_{Sp} \cdot s_{max}$(WZ).
- AS(t) > 0, AS(t+T_{Sp}) = 0 (erste Spindelperiode nach dem
  Anschnitt): $u_{AC} = 0$.
- AS(t) $\geq$ 0, AS(t+T_{Sp}) > 0 (Bearbeitung und eine Spindelperiode nach dem Anschnitt):
  - „unkritische" Bearbeitung: $u_{AC} = u_R$
  - „kritische" Bearbeitung : $u_{AC} = n_{Sp} \cdot s_{max}$(WZ).

Zusammenfassung und Folgerungen

Eine einfache Bedienung und Inbetriebnahme eines ACC-Systems
setzt eine geeignete Einteilung der einer ACC-Einrichtung
vorzugebenden Informationen voraus. Die durchgeführte Einteilung reduziert die nach der Inbetriebnahme vorzugebenden Informationen auf die bearbeitungs- und werkzeugabhängigen
Größen. Der Einsatz der ACC-Einrichtung an unterschiedlichen
WZM erfordert eine Festlegung der Schnittstellen zwischen den
zu koppelnden Systemen und der Zuordnung von elektrischen
Größen - Spannungen - zu den Vorgabewerten, Meßwerten und der
Stellgröße. Diese sind seitens der ACC-Einrichtung festgelegt. Die Teilaufgaben der ACC-Einrichtung sind zu Funktionen
zusammengefaßt und eine Realisierung der Funktionen aufgezeigt, die den Erfordernissen einer Mehrschnitt- und Mehrwegbearbeitung und der Kenngröße Leistung des Hauptantriebs entsprechen.

In den folgenden Kapiteln 6 und 7 soll die Kopplung und das
Zusammenwirken der dargestellten ACC-Einrichtung mit konventionell und numerisch gesteuerten WZM gezeigt werden.

6 Einsatz der ACC-Einrichtung an konventionell gesteuerten WZM

6.1 Kopplung der ACC-Einrichtung mit der Steuerung

Die Ausführungen im Abschnitt 3.1 zeigen, daß an konventionellen Steuerungen für die Speicherung der VGI eine ACC-Einstelleinheit einzusetzen ist. In der **ACC-Einstelleinheit** sind für jeden Bearbeitungsabschnitt, der besondere werkzeug- und bearbeitungsabhängige VGI benötigt, diese getrennt einzustellen. Die Bearbeitungsabschnitte sind zu kennzeichnen, z.B. durch die Werkzeug-Nr. oder Revolverstellung. Diese ermöglicht eine selbsttätige Auswahl der VGI durch das Steuerprogramm. Bei der Mehrschnittbearbeitung sind die VGI für das Werkzeug einzustellen, welches den maßgebenden Anteil der Schruppbearbeitung aufbringt.

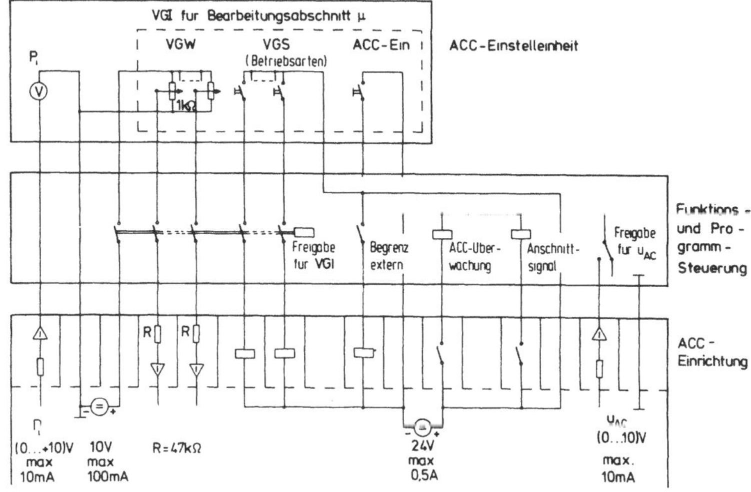

Bild 6-1: Kopplung der ACC-Einrichtung und der ACC-Einstelleinheit mit der Steuerung der WZM

Bild 6-1 zeigt ein Beispiel der Kopplung einer ACC-Einrichtung mit einer konventionell gesteuerten WZM. Neben der Übergabe

der VGI für einen Bearbeitungsabschnitt ist die Aussage der
Stellgröße u_{AC} dargestellt. Die Freigabebedingung für die
VGI und für u_{AC} bilden die Signale „ACC-Ein", „ACC-Überwa-
chung" und Kennzahl des Bearbeitungsabschnitts. Das Anschnitt-
signal kann in der Funktionssteuerung zur Verriegelung der
Eilgang- und der Vorschubbewegung verwendet werden und so der
Kollisionsüberwachung dienen.

6.2 Die Auswirkung von ACC auf das einachsige Nachformen

Das einachsige Nachformen mit konstanter Leitvorschubgeschwindigkeit - im folgenden als konventionelles Nachformen
bezeichnet - unterliegt wesentlichen Einschränkungen bezüglich des Nachformwinkelbereichs und der Variation der Bahngeschwindigkeit /16/. Dies folgt aus den Beziehungen zwischen
den Kenngrößen des einachsigen Nachformens und der Bahngeschwindigkeit (<u>Bild 6-2</u>).

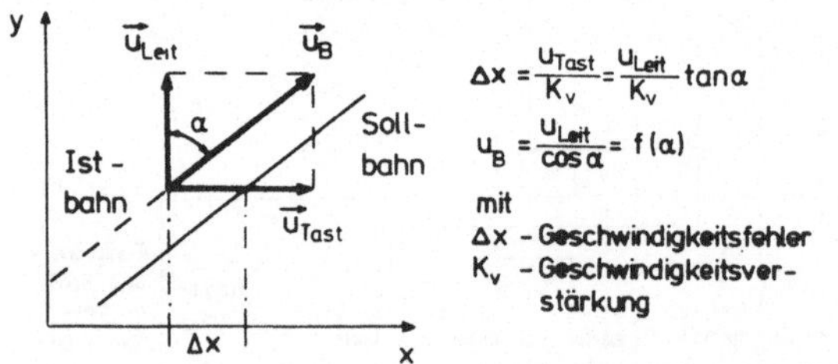

<u>Bild 6-2:</u>
Kenngrößen des
einachsigen Nach-
formens mit kon-
stanter Leitvor-
schubgeschwindig-
keit

Die Überlagerung eines technologischen Regelkreises führt,
wenn man konstante Spanungsbedingungen annimmt, zu einer konstanten Istbahngeschwindigkeit

$$w = x_{RS} = K_Z u_{B,i} = \text{konst.} \quad (K_Z = f(a_S, k_S, n_{Sp}, r) = \text{konst.}).$$

Daraus sind, wie die Gegenüberstellung des konventionellen
und des ACC-Nachformens in <u>Bild 6-3</u> zeigt, folgende Vorteile
durch den ACC-Einsatz zu erwarten:

- kleinere Geschwindigkeitsfehler Δx
- Nachformwinkelbereich erweitert auf $\pm 90^\circ$

- konstante Bahngeschwindigkeit bei konstanten Spanungsbedingungen.

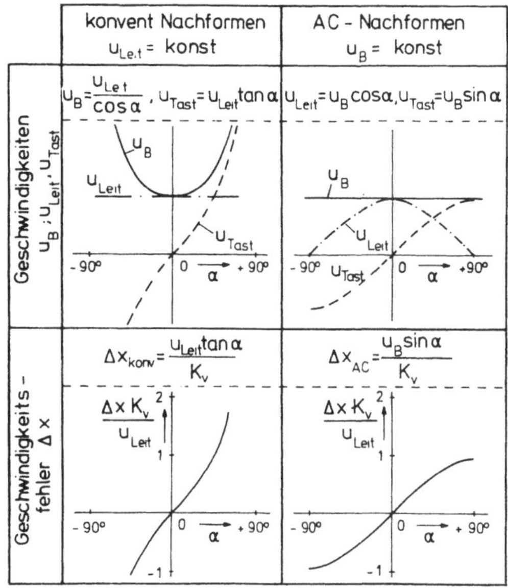

Bild 6-3:
Gegenüberstellung
des einachsigen
konventionellen und
des Nachformens mit
ACC

6.3 Die Auswirkung von ACC auf das „quasi-zweiachsige" Nachformen

Da der Nachform-Winkelbereich beim einachsigen Nachformen
durch den ACC-Einsatz bis $\pm$ 90° erweitert wird, ist der Ge-
danke naheliegend seine Auswirkungen auf das „quasi-zweiachsige" Nachformen /16/ (einachsiges Nachformen mit Umschaltung der Leit- und Tastrichtung) zu untersuchen. Diese Einrichtungen haben bisher wegen der Schwierigkeiten mit den
Umschaltungen keine Bedeutung erlangt /16/.

Der Vergleich der Ortskurven der Bahngeschwindigkeit eines
„quasi-zweiachsigen" Nachformens ohne und mit technologi-
schem Regelkreis zeigt auch hier den günstigen Einfluß der
überlagerten Regelung auf die Funktion des Nachformsystems
(Bild 6-4).

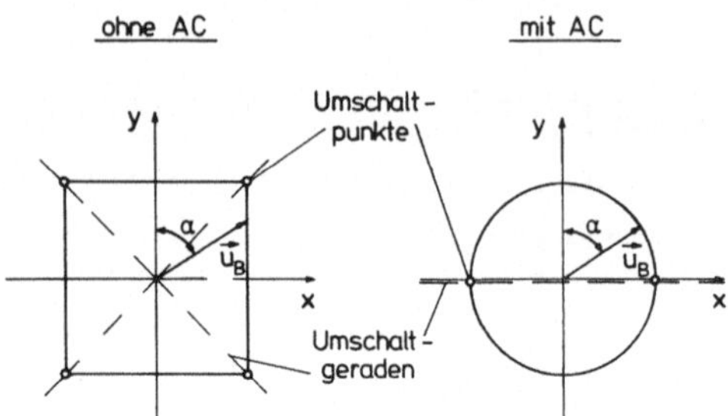

Bild 6-4: Ortskurven der Bahngeschwindigkeit eines „quasi-
zweiachsigen" Nachformsystems mit und ohne technologischen Regelkreis

Als Vorteile, die sich durch den ACC-Einsatz ergeben, können
angegeben werden:

- konstante Bahngeschwindigkeit im gesamten Winkelbereich,
- nur zwei Umschaltpunkte (bei $+90°$ und $-90°$) gegenüber vier
  beim konventionellen Nachformen,
- die Zuordnung des Leitvorschubs zu einer Achse bleibt er-
  halten,
- lediglich das Vorzeichen der Leitvorschubgeschwindigkeit
  wird umgeschaltet und
- das Umschalten findet beim Nulldurchgang der Leitvorschubgeschwindigkeit statt.

Der zuletzt genannte Vorteil läßt erwarten, daß die Umschalt-
steuerung keine Schwierigkeiten bereitet und keine nennenswerten Auswirkungen auf Konturfehler ausüben kann.

Ergänzend sei hinzugefügt, daß der vorteilhafte Einfluß der
technologischen Regelung auf das einachsige und „quasi-zweiachsige" Nachformen zum Teil allein durch die Konstanthaltung
der Bahngeschwindigkeit erreicht wird und daher durch die
Einführung eines u_B = konst. Regelkreises realisiert werden
kann. Ein derartiger Regelkreis hat auch während der ACC-Be-

arbeitung seine Berechtigung ‚und zwar wirkt er sich günstig
auf das Störverhalten des Nachformsystems aus, weil Störungen,
z.B. durch Richtungsänderungen, direkt und nicht über den
technologischen Regelkreis ausgeregelt werden können.

6.4 Die Auswirkung von ACC auf das zweiachsige Nachformen

Eine Eigenschaft der zweiachsigen Nachformsysteme gegenüber
den numerischen Bahnsteuerungen ist, daß die Bahngeschwindigkeit in die Geschwindigkeitsverstärkung der Lageregelkreise
eingeht. Stationär besteht zwischen der Bahngeschwindigkeit
$u_{B,s} = u_{B,i}$, der Geschwindigkeitsverstärkung K_v und der Fühlerauslenkung $\Delta l_s = \Delta l_i$ die Beziehung /16/:

$$K_v = u_{B,s}/\Delta l_s \sim u_{B,s} = u_{AC} \quad .$$

Da die Fühlerauslenkung Δl_s ein fester vorgegebener Wert und
$u_{B,s} = u_{AC}$ die Stellgröße der ACC-Einrichtung sind, folgt aus
obiger Glg., daß die ACC-Stellgröße die Geschwindigkeitsverstärkung beeinflußt. Der Stellbereich von u_{AC} ist daher auf
einen Wertebereich beschränkt, dessen oberer Wert die Stabili-
tätsgrenze und dessen unterer Wert das Störverhalten der Lageregelkreise bilden. Änderungen von u_{AC} in diesem Bereich
haben für jeweils u_{AC} = konst. keinen Einfluß auf Konturabweichungen, da stets $\Delta l_s = \Delta l_i$ erfüllt ist. Inwieweit und
in welchem Ausmaß dynamische Änderungen von u_{AC} Konturabweichungen hervorrufen, bedarf einer gesonderten Untersuchung.

Folgerungen für die ACC-Anwendung

Beim Einsatz eines ACC-Systems an konventionell gesteuerten
WZM bildet die Funktionssteuerung bezüglich der VGI und der
ACC-Stellgröße eine Schnittstelle zur ACC-Einrichtung. Es ist
ein Beispiel für ihre Ausführung dargestellt. Die technologische Regelung zeigt einen günstigen Einfluß auf den Nachform-
bereich einachsiger und „quasi-zweiachsiger" Nachformsysteme
aus. Bei den zuletzt genannten Nachformsystemen ist die Anzahl der Umschaltpunkte auf zwei reduziert, wobei allein das

Vorzeichen der Leitvorschubgeschwindigkeit bei ihrem Nulldurchgang umzuschalten ist. Somit ist zu erwarten, daß die
bisher durch das Umschalten bedingten Konturfehler beim ACC-
Einsatz nicht auftreten. Beim zweiachsigen Nachformen ist zu
beachten, daß die Änderung der Bahngeschwindigkeit durch die
technologische Regelung zu einer Änderung der Geschwindigkeitsverstärkung der Lageregelkreise führt. Die Auswirkung
auf Konturabweichungen bedarf einer gesonderten Untersuchung.

7 Einsatz der ACC-Einrichtung an numerisch gesteuerten WZM

Wie im Kapitel 3 bereits ausgeführt, sind für den Einsatz eines ACC-Systems an numerisch gesteuerten WZM die Möglichkeiten der Eingabe und der Verarbeitung der werkzeug- und bearbeitungsabhängigen Vorgabeinformationen (VGI-WZ,B) und der Stellgröße u_{AC} zu behandeln. Daneben ist von Interesse das Zeitverhalten der Führungsgrößenerzeugung durch Interpolation und ihr Einfluß auf das ACC-System, insbesondere die Steuerung des Anschnittvorgangs. Ein Problem, das als ACC-spezifisch bezeichnet werden kann, ist die Auswirkung der veränderlichen Bahngeschwindigkeit bei gleichzeitigen Bahnrichtungsänderungen auf die Bahnbewegung und Bahnabweichungen. In den folgenden Abschnitten sollen mögliche Lösungen für die Kopplung ACC-NC aufgezeigt und die Probleme des Zusammenwirkens diskutiert werden.Wegen der Einteilung der Vorgabeinformationen in maschinenabhängige sowie werkzeug- und bearbeitungsabhängige Informationen im Abschnitt 5.2, sind hier lediglich die letzteren zu betrachten. Der Einfachheit halber wird in den nächsten Abschnitten auf den Zusatz WZ (werkzeugabhängig) und B (bearbeitungsabhängig) verzichtet.

7.1 Die Eingabe und Anpassung der Vorgabeinformationen

7.1.1 Anforderungen an die Eingabe und Anpassung

Die Programmierung der VGI sollte den allgemein anzustrebenden Anforderungen genügen:

- VDI-Richtlinie 3426 /5/,
- Verwendung eingesetzter Datenträger (z.B. Lochstreifen),
- möglichst geringe Änderung bestehender NC-Programme
  bei ACC-Betrieb und
- Vereinfachung der Programmierung bei Erstellung neuer
  NC-Programme.

Aus der Festlegung der Schnittstellen der ACC-Einrichtung in Abschnitt 5.1 folgen die weiteren Anforderungen an die Programmierung der VGW:

- Programmierung in % des Maximalwerts (100 % $\hat{=}$ 10 V), wo-
durch eine gute Ausnutzung des Arbeitsbereichs analoger
Bauelemente gesichert ist, und
- Auflösung etwa 1 %, d.h. je VGW sind mindestens zwei BCD-
Dekaden vorzusehen.

In der VDI-Richtlinie 3426 /5/ sind die AC-Anweisungen an
die numerische Steuerung eingeteilt in „Vorgabewerte" und
„Schaltfunktionen" (Bild 7-1). Die „Schaltfunktion" G24 ist

<u>Vorgabeinformationen</u>:

G 24   I . . . . . . J . . . . K . .

Schalt-   Vorgabewerte als AC-Parameter unter
funktion   den Adressen I, J, K
                    ⟶ „Vorgabeinformationen"

<u>Betriebsarten „AC EIN/AUS"</u>:

M 46 $\hat{=}$ AC EIN

M 47 $\hat{=}$ AC AUS

<u>Bild 7-1</u>: Programmierung der AC-Anweisungen an die
          numerische Steuerung (VDI 3426)

satzweise wirksam, während die „Vorgabewerte", hier allgemei-
ner als Vorgabeinformationen VGI genannt, selbsthaltend sind,
bis sie in einem neuen Satz mit G24 und I,J,K überschrieben
oder gelöscht werden. Die Programmierung der VGI muß späte-
stens in dem Satz erfolgen, in dem sie wirksam werden sollen.
Die Betriebsart „AC Ein" ist über die Programmierung der
Hilfsfunktion M46 eingeleitet und durch M47 („AC Aus") gelöscht /5/.

Die unterschiedliche Signalverarbeitung in der ACC-Einrichtung (analog) und dem Steuersystem (digital) sowie die Forderung nach dem ständigen und gleichzeitigen Anstehen der VGI
für einen Bearbeitungsabschnitt, erfordern ein Koppelelement zwischen den beiden Systemen (<u>Bild 7-2</u>).

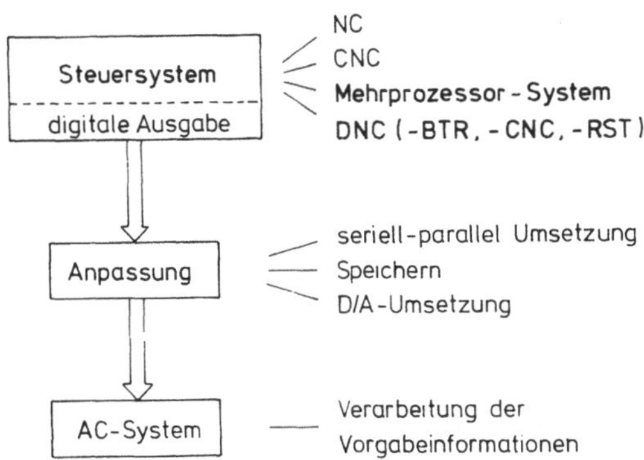

Bild 7-2: Aufgaben eines Koppelelements (Anpassung) zwischen einem Steuerungssystem und einer ACC-Einrichtung

7.1.2 Möglichkeiten der Eingabe, Adressierung und Anpassung der VGI

Bild 7-3 gibt eine Zusammenstellung der Möglichkeiten der Eingabe, Adressierung und Speicherung der VGI. Zusätzlich ist das „Aufrufen" der VGI aus einem Speicher dargestellt.

| | ① | ② | ③ | ④ | ⑤ kombiniert | |
					VGI-W s.②o③o④	VGI-B s.①
Eingabe der VGI	im NC-Programm	im Vorspann des NC-Programms	direkt vom DV-Rechner	über programmierbare Speicher		
Adressierung der VGI	nach VDI 3426			Kennzahl z.B. gebildet aus WZ- u.WS-Nr.	s.② oder ③ oder ④	s.①
Adr.-Zusatz	−	Kennzahl (WZ-Nr.)				
Arbeitsspeicher für die VGI	Schieberegister (SR)	Schreib-Lese-Speicher (RAM)		Programmierbarer Speicher (PROM)	s.② oder ③ oder ④	s.①
Aufrufen der VGI	−	durch Auftreten der Kennzahl im Programm				−
Wirksamwerden der ACC-Regelung	M46 (VDI 3426)					

Bild 7-3: Eingabe, Adressierung und Ausgabe der VGI (DV...Datenverteilung)

Die VDI-Richtlinie schreibt die grundsätzliche Programmierung der VGI vor, sie läßt jedoch die Zuordnung der VGI
zu den Adressen I,J,K offen. Ausgehend von der Anzahl der
VGI, die jeweils unter einer Adresse I,J oder K programmiert
werden können, ist die folgende Einteilung der Adressierung
möglich:

- „Einzel-Adressierung",
- „Gruppen-Adressierung" und
- „kombinierte Adressierung": Einzel-Adressierung für die
  VGW und Gruppen-Adressierung für die VGS.

Innerhalb der Arbeiten „ACO-Fräsen" /1/ wurde eine Kennzeich-
nung der VGI durchgeführt, die nach der obigen Einleitung
als „kombinierte Adressierung" zu bezeichnen ist. Für die
Kennung sind zwei Dekaden der Adressen I,J,K eingesetzt, die
vier übrigen sind dem VGW zugeordnet. Die VGS sind in Vierer-
gruppen unter einer Adresse programmiert. Dadurch gewinnt man
die Möglichkeit sehr viele Werte unterscheiden zu können. Es
sind dann entsprechend viele Sätze in die NC-Programme einzufügen. Dieser Nachteil ist bei der „Einzel-Adressierung" noch
stärker ausgeprägt.

Ein demgegenüber verringerter Programmierumfang ist erreich-
bar beim Einsatz der „Gruppen-Adressierung". Da bei dieser
Adressierungsart auf die Kennung jeder einzelnen VGI verzichtet ist, stehen alle 18 BCD-Dekaden den VGI zur Verfügung. Es
können also z.B. sechs VGW mit je zwei BCD-Dekaden und sechs
VGS mit je einer BCD-Dekade in einem NC-Satz programmiert
werden.

Die genannten Adressierungsmöglichkeiten zusammen mit den
Eingabearten nach Bild 7-3 beeinflussen wesentlich die Ausführung eines Koppelelements. Von besonderer Bedeutung ist
ebenfalls die Schnittstelle des Koppelelements zur Steuereinrichtung. Hier sind zu unterscheiden:
- die BTR-Schnittstelle (BTR - Behind Tape Reader) /34/ und

- eine „interne Schnittstelle der Programmsteuerung", an
  welcher die Steuerdaten für die interne Verarbeitung decodiert und geprüft vorliegen.

Der Eingriff an der BTR-Schnittstelle bietet den Vorteil,
daß diese durch eine Richtlinie /34/ festgelegt ist und daher die Anpassung (Koppelelement) für alle Steuereinrichtun-
gen einheitlich gestaltet werden kann. Ein wesentlicher Nachteil ist allerdings, daß im Koppelelement zahlreiche NC-
Funktionen zusätzlich realisiert sein müssen. So müssen die
Daten geprüft, decodiert und zwischengespeichert werden.
Diese Möglichkeit wird daher nicht weiter betrachtet. Die
genannte „interne Schnittstelle der Programmsteuerung" vermeidet diesen Nachteil, sie erfordert aber zum Teil auf der
Steuerungsseite einen zusätzlichen Hardware-Aufwand für eine
digitale Ausgabe.

Im folgenden werden prinzipielle Lösungen von Koppelelementen für die in Bild 7-3 dargestellten Eingabearten der VGI
aufgezeigt. Sie sollen den notwendigen Koppelaufwand abzu-
schätzen helfen und die Auswirkung der Eingabearten auf den
Programmierumfang verdeutlichen.

7.1.2.1 Eingabe der VGI innerhalb des NC-Programms

Eine an NC-WZM mit ACC-Systemen übliche Eingabe der VGI ist
ihre Programmierung innerhalb des NC-Programms, d.h. mei-
stens unmittelbar vor dem NC-Satz, in dem die VGI zum ersten
Mal benötigt werden. Ist die Gesamtheit der VGI nach der im
Abschnitt 5.1 gezeigten Art eingeteilt, so stellt die „Gruppen-Adressierung" für ACC-Systeme ohne Schnittaufteilung
eine brauchbare Lösung dar. Die insgesamt 18 zur Verfügung
stehenden BCD-Dekaden reichen für die Programmierung der
VGI eines Bearbeitungsabschnitts aus (zwei Dekaden je VGW,
eine Dekade je VGS). Bild 7-4 zeigt eine mögliche Realisierung des Koppelelements für die „Gruppen-Adressierung". Die
Funktion „G24-Erkennung" ist in das Koppelelement aufgenom-

men, da sie nicht von allen numerischen Steuerungen ausgeführt wird.

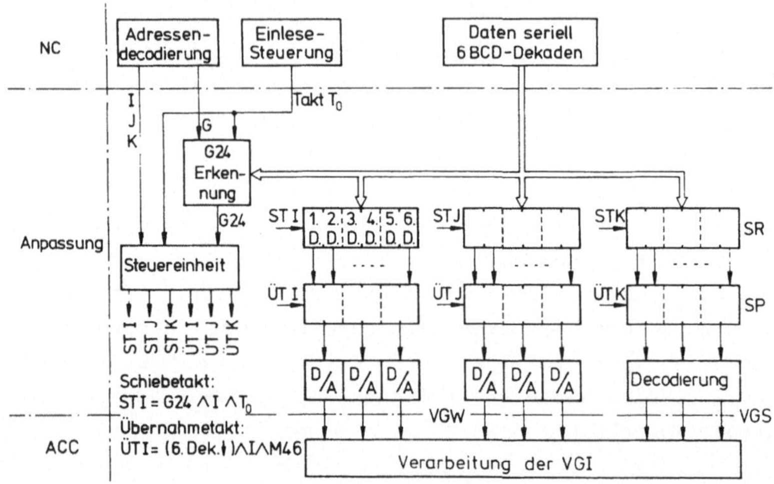

Bild 7-4: Koppelelement für die Eingabe der „gruppen-adressierten"
VGI innerhalb des NC-Programms (SR Schieberegister,
SP Speicher, ST Schiebetakt, ÜT Übernahmetakt)

Ein Nachteil der Programmierung der VGI innerhalb des NC-Programms ist, daß bestehende Programme durch Einfügen von Sätzen
geändert werden müssen und daß die VGI jeweils nur für einen Ar-
beitsabschnitt einer Bearbeitungsfolge mit unterschiedlichen
VGI verwendet werden können. Bei Werkzeugwechsel z.B. werden die
VGI eines Werkzeugs i durch VGI eines Werkzeugs j überschrieben
und sind nicht mehr verfügbar, wenn das Werkzeug i erneut eingesetzt
wird. Die VGI müssen also für ein und dasselbe Werkzeug mehrfach
programmiert werden.

7.1.2.2 Eingabe der VGI außerhalb des NC-Programms

Die Eingabe der VGI außerhalb des NC-Programms beinhaltet
die in Bild 7-3 aufgezählten Eingabearten:

- im Vorspann des NC-Programms und

- direkt vom Rechner.

In beiden Fällen werden die VGI für alle Werkzeuge einer bestimmten Bearbeitung in einem Block in besondere Speicher
innerhalb der Anpassung übergeben und von hier durch eine
Kennzahl aufgerufen. Die Kennzahl kann im einfachsten Fall
durch die Werkzeug-Nr., aber auch durch eine aus Werkstück-
und Werkzeug-Nr. zu bildende oder den Bearbeitungsabschnitt
kennzeichnende Nummer gegeben sein.

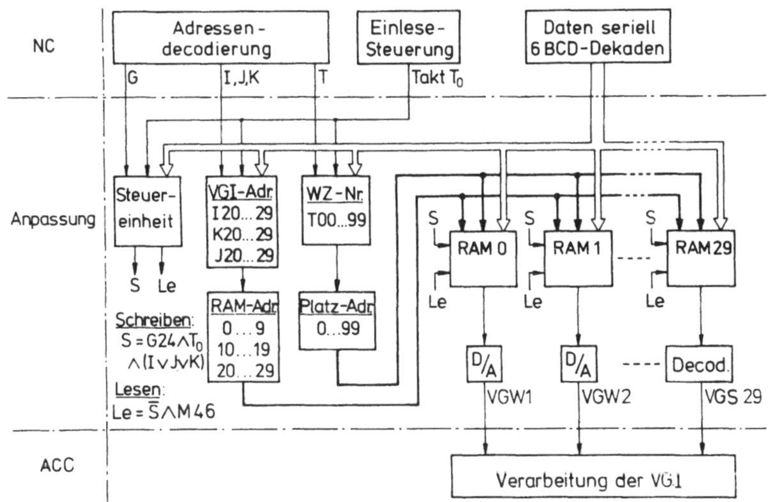

Bild 7-5: Koppelelement für die Eingabe der VGI im
Vorspann des NC-Programms

Bild 7-5 zeigt eine hier vorgeschlagene Realisierung für die
Anpassung dreißig adressierter VGI mit den Adressen I20...I29,
J20...J29 und K20...K29 (Adressierung nach /1/). Jeder VGI
ist ein RAM (Schreib-Lese-Speicher) zugeordnet. Die Kennzahl
des VGI-Blocks für die Bearbeitung mit einem bestimmten Werkzeug ist im Beispiel die Werkzeugnummer. Sie dient als Adresse für das Einschreiben (S) der VGI in eine bestimmte Zeile
der RAM's. Die Ausgabe eines bestimmten VGI-Blocks an die
D/A-Umsetzer (VGW) und die Decodierung (VGS) wird durch die

innerhalb des NC-Programms programmierte Werkzeugnummer und
die Hilfsfunktion M46 eingeleitet.
Diese Art der Eingabe der VGI vermeidet den genannten Nachteil der Eingabe innerhalb des NC-Programms, d.h. die eingegebenen VGI können mehrfach in beliebiger Reihenfolge Verwendung finden. Ein weiterer Vorteil ist, daß die NC-Programm-
me, bis auf die Programmierung der Hilfsfunktion M46, unver-
ändert bleiben.

7.1.2.3 Eingabe der VGI über programmierbare Speicher

Fertigungssysteme, die im wesentlichen mit einem festen Werk-
zeugbestand arbeiten, erlauben eine weitgehende Vereinfachung
der Eingabe der VGI. Geht man davon aus, daß für diesen Werk-
zeugbestand die Kennwerte (max. Vorschub, Schnittkraft usw.)

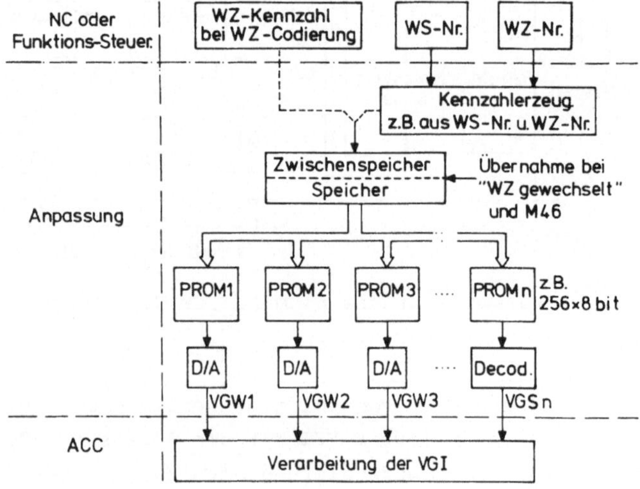

Bild 7-6: Zugriff zu in programmierbaren Speichern (PROM)
abgelegten VGI durch eine Kennzahl (Adresse)

bekannt sind und sich nicht ändern, so bietet es sich an,
diese in programmierbare Speicher (PROM's) abzulegen. Jeder

VGI aller Werkzeuge ist dann ein PROM zuzuordnen. Das Aufrufen der VGI eines zum Einsatz kommenden Werkzeugs erfolgt
durch eine Kennzahl (<u>Bild 7-6</u>), z.B. die Werkzeugnummer.

7.1.2.4 „Kombinierte Eingabe" der VGI

Für Eingabearten, bei denen die VGI durch eine Kennzahl aufgerufen werden (nach Bild 7-3 sind es die Eingabearten ② , ③
und ④), ist von Bedeutung, welche Information die Kennzahl
enthält. Kennzahlen, die sowohl das Werkzeug als auch das
Werkstück beschreiben, erlauben werkzeug- und bearbeitungsabhängige VGW einzugeben. Kennzahlen, die dagegen allein durch
das Werkzeug gegeben sind, gestatten nicht die bearbeitungsabhängigen VGW zu berücksichtigen. In diesem Fall sind durch
eine „kombinierte Eingabe" entsprechend Bild 7-3 die werkzeugabhängigen Werte nach einer der behandelten Methoden ② , ③
oder ④ und die bearbeitungsabhängigen Werte innerhalb des
NC-Programms einzugeben.

Für die Betrachtung der Eingabe und Programmierung der Vorgabeinformationen für ein ACC-System wird von der in Abschnitt
5.1 durchgeführten Einteilung in maschinen-, werkzeug- und
bearbeitungsabhängige VGI ausgegangen. Die Programmierung der
VGI hat die Bedingungen, die durch die VDI-Richtlinie 3426
und aus der Sicht einer Vereinfachung der NC-Programmerstel-
lung gegeben sind, zu erfüllen. Die Anforderungen bezüglich
der Eingabe der VGI in die ACC-Einrichtung sind durch ihre
analoge Signalverarbeitung vorgegeben. Je nach Eingabe der
VGI in die numerische Steuerung (innerhalb des NC-Programms,
im Vorspann des NC-Programms, direkt vom Rechner, über besondere Speicher) und ihrer Adressierung („Einzel-, „Gruppen-
und „kombinierte Adressierung") sind unterschiedliche Koppelelemente zwischen die NC und das ACC-System einzufügen. Es
werden Koppelelemente aufgezeigt, die diesen Anforderungen genügen. Sie zeigen, daß der Koppelaufwand erheblich ist. Es ist
daher im Einzelfall zu prüfen, ob nicht als Alternativlösung

der Einsatz einer ACC-Einstelleinheit vorzuziehen ist. In diesem Fall sind die Schnittstellen durch das Bild 6-1 beschrieben. „ACC-Ein" ist über das NC-Programm als M46 einzugeben.

7.2 Die Vorgabe der ACC-Stellgröße an die Bahnsteuerung

Bei den hier betrachteten ACC-Systemen ist die Vorschub- bzw. Bahngeschwindigkeit die Stellgröße der technologischen Regelkreise. Ihre Beeinflussung bedarf eines geeigneten Eingriffs in den Informationsfluß des gegebenen Steuersystems. Grundsätzlich können unterschieden werden: Beeinflussung der programmierten Bahngeschwindigkeit (indirekte Vorgabe) über einen Multiplikationsfaktor K_u und direkte Vorgabe einer „ACC-Bahngeschwindigkeit" durch das ACC-System (Bild 7-7).

Beeinflussung der Bahngeschw. durch ACC	direkt $u_{AC} = 0 \ldots u_A$	indirekt (Faktor) $K_u = 0 \ldots 1$		
programmierte Bahngeschw. $u_{B,p}$	unwirksam	u_A	$u_{B,konv}$	unwirksam
Fall	①	②	③	④
Signalflußbild	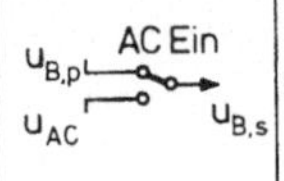	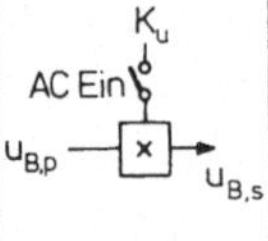		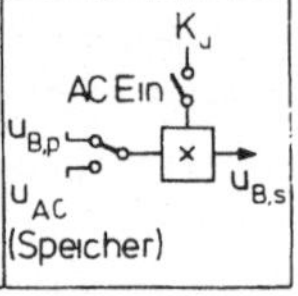

Bild 7-7: Möglichkeiten zur Beeinflussung der Bahngeschwindigkeit durch ein ACC-System

Bei der direkten Vorgabe wird die programmierte Bahngeschwindigkeit $u_{B,p}$ durch eine ACC-Bahngeschwindigkeit ersetzt (Fall ① in Bild 7-7). Auf dem Datenträger kann daher ein Wert für die konventionelle Bearbeitung programmiert sein oder ganz ent-

fallen. Innerhalb der indirekten Bahngeschwindigkeitsvorgabe
können bezüglich des zu programmierenden Werts die Fälle unterschieden werden (Bild 7-7):

② - Programmierung der Anschnittgeschwindigkeit u_A. Ein ent-
scheidender Nachteil ist hierbei, daß der Datenträger
für die konventionelle Bearbeitung nicht benutzt werden
kann und daraus folgend ein direktes Umschalten der Betriebsart AC auf konventionell nicht möglich ist.

③ - Programmierung einer Bahngeschwindigkeit für das konventionelle Bearbeiten. Die Bahngeschwindigkeit kann über
den Faktor K_u lediglich verkleinert werden, die Anschnittgeschwindigkeit ist auf die programmierte Bahngeschwindigkeit begrenzt. Diese Vorgabeart reduziert
die Aufgabe eines ACC-Systems auf eine Überwachungsfunk-
tion des Zerspanprozesses.

④ - Der programmierte Wert ist unwirksam, er wird innerhalb
der Steuerung durch u_A ersetzt (F-Wortspeicher) und dieser durch den Faktor K_u variiert.

Der Aufgabe eines ACC-Systems: Verfahren der schnittfreien
Wege mit hoher Geschwindigkeit und Regelung auf maximale Auslastung, werden lediglich die Vorgabearten ① und ④ gerecht.
Die Vorgabeart ① ist vorzuziehen, da hierbei die Eingabe des
Werts u_A innerhalb der Steuerung entfällt. Sie erfordert an
speicherprogrammierten Steuerungen das Einfügen eines Ana-
log/Digital-Umsetzers und an festverdrahteten Steuerungen
einen Spannungs/Frequenz-Umsetzer, dessen Ausgangsfrequenz,
mit der Taktfrequenz der NC synchronisiert und der Bahngeschwindigkeit angepaßt, die Interpolationsfrequenz bildet.

Bild 7-8 zeigt die Beeinflussung der Interpolationsfrequenz
$f_{B,s}$ durch die ACC-Stellgröße an einer festverdrahteten Steuerung einer Fräsmaschine, die mit einer ACC-Einrichtung ausge-
stattet wurde.

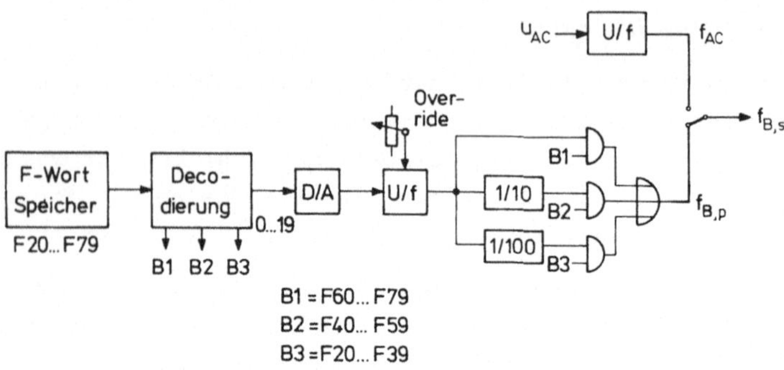

Bild 7-8: F-Wort-Verarbeitung einer festverdrahteten NC
(Hersteller: Bendix, Serie 400) und Beeinflussung
der Interpolationsfrequenz durch die ACC-Stellgröße (B1, B2, B3 - Bereiche des F-Worts)

7.3 Das Zeitverhalten der „Steuerung der Vorschubbewegung"

Die Struktur der Steuerung der Vorschubbewegung an NC-WZM ist
durch das Bild 3-5 wiedergegeben. Ihr Zeitverhalten ist durch
Glg.(3-2) näherungsweise beschrieben. Innerhalb dieses Abschnitts soll das Zeitverhalten der Führungsgrößenerzeugung
und der Bahnregelung untersucht sowie der Einfluß der Führungsgrößenglättung auf das Zeitverhalten gezeigt werden.
Die Ausführungen sind notwendige Voraussetzungen für die Aussagen über das Zusammenwirken eines ACC-Systems mit einer
Bahnsteuerung.

7.3.1 Die Führungsgrößenerzeugung

Eine Zusammenstellung der Verfahren zur Führungsgrößenerzeugung durch Interpolation ist z.B. in /19/ gegeben. An dieser
Stelle sollen lediglich die Unterscheidungsmerkmale genannt
und betrachtet werden, die für das Zeitverhalten üblicher

Interpolationsverfahren von besonderer Bedeutung sind. Sie
sind in <u>Bild 7-9</u> aufgezeigt.

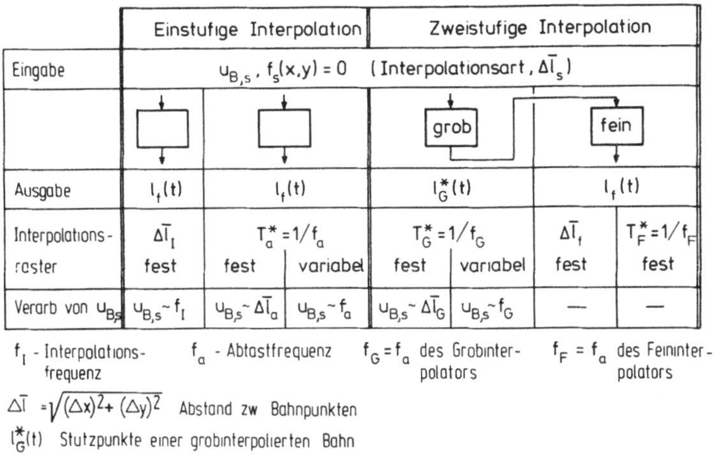

	Einstufige Interpolation		Zweistufige Interpolation			
Eingabe	$u_{B,s}$, $f_s(x,y) = 0$ (Interpolationsart, $\Delta\bar{l}_s$)					
	↓ □ ↓	↓ □ ↓	grob		fein	
Ausgabe	$l_f(t)$	$l_f(t)$	$l_G^*(t)$		$l_f(t)$	
Interpolations- raster	$\Delta\bar{l}_I$ fest	$T_a^* = 1/f_a$ fest	$T_a^* = 1/f_a$ variabel	$T_G^* = 1/f_G$ fest	$\Delta\bar{l}_f$ fest	$T_F^* = 1/f_F$ fest
Verarb von $u_{B,s}$	$u_{B,s} \sim f_I$	$u_{B,s} \sim \Delta\bar{l}_a$	$u_{B,s} \sim f_a$	$u_{B,s} \sim \Delta\bar{l}_G$	$u_{B,s} \sim f_G$	—	—

f_I - Interpolations- f_a - Abtastfrequenz $f_G = f_a$ des Grobinter- $f_F = f_a$ des Feininter-
frequenz   polators   polators

$\Delta\bar{l} = \sqrt{(\Delta x)^2 + (\Delta y)^2}$ Abstand zw Bahnpunkten

$l_G^*(t)$ Stutzpunkte einer grobinterpolierten Bahn

<u>Bild 7-9</u>: Kennzeichen der Interpolation

Für die Betrachtung des Zeitverhaltens der Führungsgrößenerzeugung werden im folgenden die Ordnungsbegriffe „Interpolationsart" und „Interpolationsordnung" benutzt. Sie haben hier
die Bedeutung:

- Die <u>Interpolationsart</u> (linear, parabolisch, zirkular)
  kennzeichnet die Kurve (Gerade, Parabel-, Kreisbogen), mit
  der Bahnpunkte in der Ebene oder im Raum zu verbinden sind.

- Die <u>Interpolationsordnung</u> (0, 1, 2, ..., n) kennzeichnet
  die Ordnung der Kurve (Stufe, Gerade, Parabel), mit der
  Bahnpunkte oder Bahnstützpunkte im Weg-Zeit-Diagramm zu
  verbinden sind.

Die Interpolationsordnung macht also eine Aussage über die
Zustandsgrößen der Bewegung. Bei der Interpolation 0. Ordnung
wird zwischen den Bahnpunkten die Position, bei der Interpolation 1. Ordnung die Geschwindigkeit und bei der Interpolation 2. Ordnung die Beschleunigung konstant gehalten. Die Interpolation n-ter Ordnung ist gegeben, wenn die Bahnpunkte

oder Bahnstützpunkte einer oder mehrerer Maschinenachsen im Weg-Zeit-Diagramm durch ein Polynom n-ten Grades verbunden werden. Dies bedeutet z.B. für die Kreisinterpolation, daß - obwohl der Kreis eine Kurve 2. Ordnung ist, die Interpolationsordnung n = 1 ist, wenn der Kreis mit konstanter Geschwindigkeit durchfahren wird.

7.3.1.1 Einfluß der Interpolationsordnung auf das Zeitverhalten

Die Interpolation n-ter Ordnung ist durch einen Abtaster und n+1 hintereinander geschaltete Halteglieder darstellbar /36/. Die Übertragungsfunktion eines Interpolators ist daher (<u>Bild 7-10</u>)

$$F_n(p) = \frac{l_f(p)}{l_s^*(p)} = (F_H(p))^{n+1} = \left(\frac{1 - e^{-pT_a^*}}{pT_a^*}\right)^{n+1} , \qquad (7-1)$$

wo T_a^* das Abtastintervall und $F_H(p)$ die Übertragungsfunktion eines Haltegliedes sind. Entsprechend zu /36/ sind für

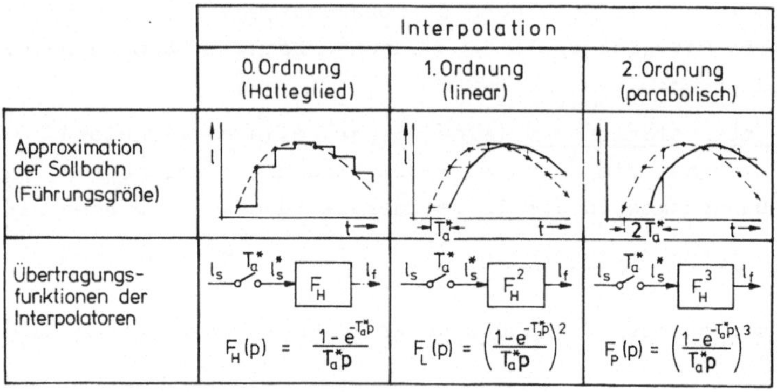

Interpolation		
0. Ordnung (Halteglied)	1. Ordnung (linear)	2. Ordnung (parabolisch)
Approximation der Sollbahn (Führungsgröße): $t \rightarrow$	T_a^*, $t \rightarrow$	$2T_a^*$, $t \rightarrow$
Übertragungsfunktionen der Interpolatoren: $l_s \; T_a^* \; l_s^* \;\boxed{F_H}\; l_f$ $F_H(p) = \dfrac{1 - e^{-T_a^* p}}{T_a^* p}$	$l_s \; T_a^* \; l_s^* \;\boxed{F_H^2}\; l_f$ $F_L(p) = \left(\dfrac{1 - e^{-T_a^* p}}{T_a^* p}\right)^2$	$l_s \; T_a^* \; l_s^* \;\boxed{F_H^3}\; l_f$ $F_P(p) = \left(\dfrac{1 - e^{-T_a^* p}}{T_a^* p}\right)^3$

<u>Bild 7-10</u>: Interpolationsordnung und Übertragungsfunktion

Glg.(7-1) und die folgenden Betrachtungen Abtastimpulse $\delta_T(t)$ (Dirac-Impulse) mit der Fläche T_a^* zugrunde gelegt. Betrachtet man die Eingangsgröße $l_s(p)$ und die Ausgangsgröße $l_f(p)$ in den Abtastzeitpunkten T_a^* und wendet die Transformation

$z = e^{pT_a^*}$ an, so folgen aus Glg.(7-1) in der z-Ebene die
Impulsübertragungsfunktionen:

$$F_n^*(p) = F_n(z) = \frac{l_f^*(p)}{l_s^*(p)} = \frac{l_f(z)}{l_s(z)} = \frac{1}{n!} \sum_{\nu=1}^{n} z^{-\nu}, \quad n = 0,1\ldots, \quad (7-2)$$

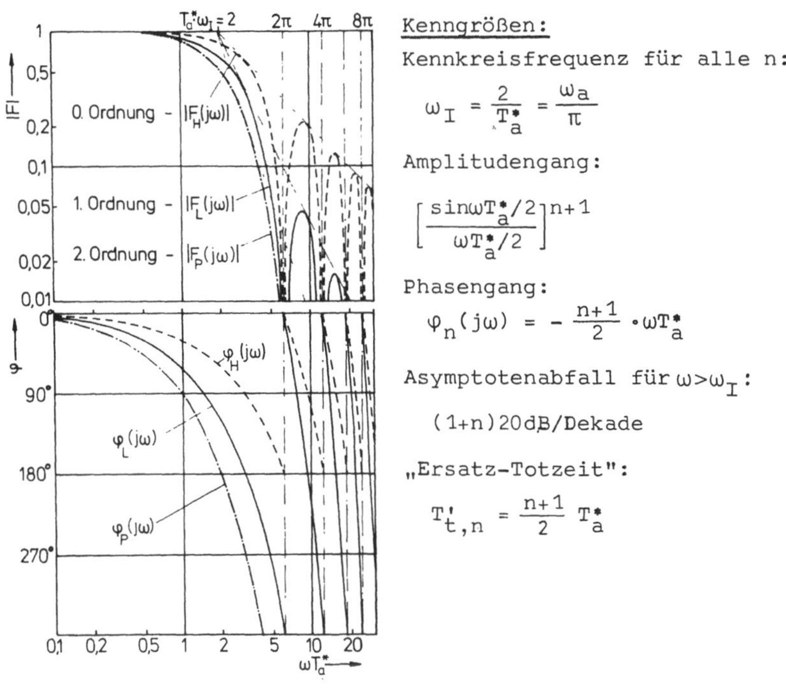

Kenngrößen:

Kennkreisfrequenz für alle n:

$$\omega_I = \frac{2}{T_a^*} = \frac{\omega_a}{\pi}$$

Amplitudengang:

$$\left[\frac{\sin \omega T_a^*/2}{\omega T_a^*/2} \right]^{n+1}$$

Phasengang:

$$\varphi_n(j\omega) = - \frac{n+1}{2} \cdot \omega T_a^*$$

Asymptotenabfall für $\omega > \omega_I$:

$$(1+n)20\,\text{dB/Dekade}$$

„Ersatz-Totzeit":

$$T_{t,n}' = \frac{n+1}{2} T_a^*$$

<u>Bild 7-11:</u> Frequenzgänge der Interpolation 0., 1. und
2. Ordnung

Eine anschauliche Darstellung des Zeitverhaltens der Interpolatoren nach Bild 7-10 liefert die Betrachtung im Frequenzbereich (<u>Bild 7-11</u>). Für den Interpolator n-ter Ordnung gilt
dabei die Beziehung (s.Glg.(7-1)):

$$F_n(j\omega) = \left[\frac{\sin(\omega T_a^*/2)}{\omega T_a^*/2}\right]^{n+1} \cdot e^{-j(\frac{\omega T_a^*}{2})(n+1)}$$

$$F_n(j\omega) = |F_n(j\omega)| \cdot e^{j\varphi_n} \qquad\qquad (7-3)$$

Die Amplituden- und Phasengänge der Interpolatoren 0.,
1. und 2. Ordnung in Bild 7-11 zeigen den Einfluß der Ordnungszahl n auf die Kenngrößen der Interpolatoren. Hervorzuheben ist, daß die Ordnungszahl keinen Einfluß auf die
Kennkreisfrequenz ausübt und daß der Phasengang eine für
Glieder mit Totzeitverhalten typische frequenzproportionale
Phasennacheilung zeigt. Die Phasennacheilung nimmt dabei linear mit der Ordnungszahl n zu.

Mit den Aussagen dieses Abschnitts kann das Zeitverhalten
ein- und mehrstufiger Interpolatoren bestimmt werden. Die
zweistufige Interpolation zeigt ein grundsätzlich unterschied-
liches Zeitverhalten für die Interpolation mit festem und mit
variablem Zeitraster des Grobinterpolators. Sie werden deshalb in den folgenden Abschnitten getrennt behandelt.

7.3.1.2 Zweistufige Interpolation mit festem Zeitraster des Grobinterpolators

Das Modell zum Beschreiben des Zeitverhaltens einer zweistufigen Interpolation mit festem Zeitraster zeigt Bild 7-12.
Es beruht nicht auf der Wiedergabe eines bestimmten Inter-
polationsverfahrens, sondern auf der Beschreibung der Zusammenhänge von Zeitfunktionen, die aus der Sollbahngeschwindigkeit $u_{B,s}(t)$ zu der Bewegung $l_f(t)$ eines Punktes auf einer
Führungsbahn $f_f(x(t),y(t)) = 0$ führen. Diese Betrachtungsart
erlaubt lediglich das Zeitverhalten der Interpolation bezüglich $u_{B,s}(t)$ zu behandeln. Die Betrachtung des Zeitverhaltens
der Interpolation für Bahnrichtungsänderungen bedarf eines
Modells mit achsbezogener Interpolation.

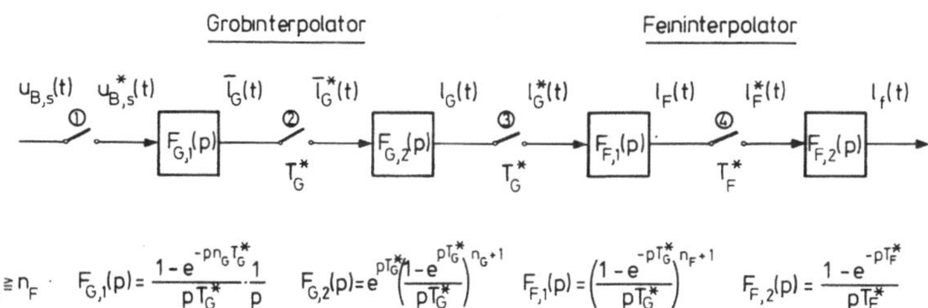

$$n_G \geqq n_F \cdot \quad F_{G,1}(p) = \frac{1-e^{-pn_G T_G^*}}{pT_G^*} \cdot \frac{1}{p} \qquad F_{G,2}(p) = e^{pT_G^*}\left(\frac{1-e^{pT_G^*}}{pT_G^*}\right)^{n_G+1} \qquad F_{F,1}(p) = \left(\frac{1-e^{-pT_G^*}}{pT_G^*}\right)^{n_F+1} \qquad F_{F,2}(p) = \frac{1-e^{-pT_F^*}}{pT_F^*}$$

<u>Bild 7-12:</u> Modell einer zweistufigen Interpolation mit festem Zeitraster des Grobinterpolators

Für die Interpolationsstufen ist die folgende Arbeitsweise zugrunde gelegt:

<u>1. Grobinterpolator.</u> Die Interpolationsordnung des Grobinterpolators ist $n_G = 1,2\ldots$ Das Zeitraster der Interpolation ist $T_G^* =$ konst.. Für die Interpolation n_G-ter Ordnung sind vom Grobinterpolator aus dem abgetasteten Wert $u_{B,s}^*(\mu)$ zur Zeit $t/T_G^* = \mu$ n_G Stützpunkte $l_G^*(\mu+1)\ldots l_G^*(\mu+n_G)$ zu berechnen und an den Feininterpolator auszugeben. Dies kann durch folgende zwei Schritte dargestellt werden (Bild 7-12 und <u>Bild 7-13</u>):

- Erzeugung einer Stufenfunktion $u_{B,G}(t)$ aus $u_{B,s}^*(t)$ durch ein Halteglied mit der Haltezeit $n_G T_G^*$. Integration von $u_{B,G}(t)$ zum Polygonzug $\overline{I}_G(t)$. Dieser erste Schritt ist in Bild 7-12 durch die Übertragungsfunktion $F_{G,1}(p)$ beschrieben.

- Abtasten von $\overline{I}_G(t)$ und Interpolation der Abtastpunkte $\overline{I}_G^*(t)$ zur Funktion $l_G(t)$ durch einen Interpolator n_G-ter Ordnung. Dieser Schritt ist in Bild 7-13 durch $F_{G,2}(p)$ beschrieben.

Da beide Schritte im Grobinterpolator gleichzeitig, d.h. in einer Rechenoperation erfolgen, weist $F_{G,2}(p)$ gegenüber Glg.(7-1) den Faktor $e^{pT_G^*}$ auf, der die Kompensation einer Totzeit bedeutet. Die Funktionen $\overline{I}_G(t)$ und $l_G(t)$ in Bild 7-13b) sind daher zu Beginn der Interpolation nicht zeitverschoben.

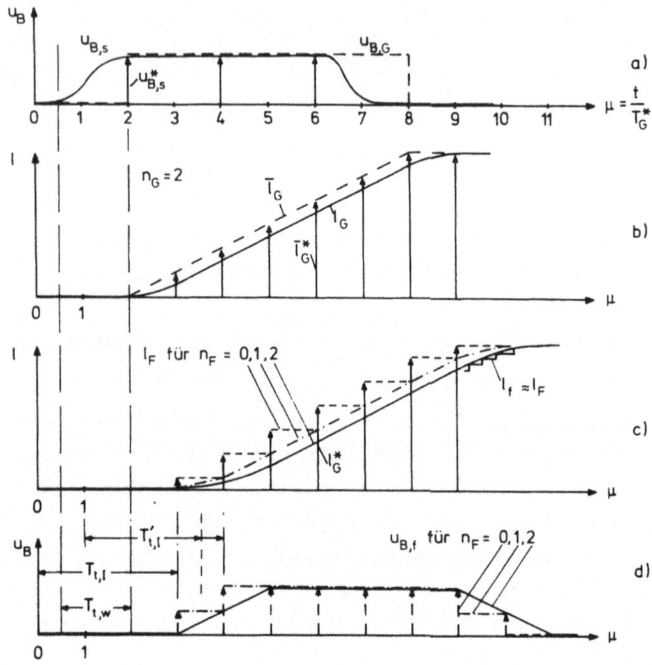

Bild 7-13: Zweistufige Interpolation mit $T_G^* =$ konst. und $n_G = 2$

2. Feininterpolation. Der Feininterpolator besitzt die Interpolationsordnung $n_F = 0,1,\ldots$ Sein Zeitraster T_F^* kann veränderlich oder fest sein. In Bild 7-12 ist die Feininterpolation durch zwei Übertragungsfunktionen dargestellt. $F_{F,1}(p)$ gibt die Interpolation n_F-ter Ordnung zwischen den Stützpunkten $l_G^*(t)$ zur Funktion $l_F(t)$ wieder. Das Halteglied $F_{F,2}(p)$ deutet auf die digitale Arbeitsweise des Feininterpolators und die Ausgabe von Weginkrementen Δl_f im Intervall T_F^* hin. Da im allgemeinen die Bedingung $T_G^* \gg T_F^*$ erfüllt ist, kann $F_{F,1}(p) = 1$ und $l_F(t) = l_f(t)$ gesetzt werden.

Für die Impulsübertragungsfunktion der Interpolation nach
Bild 7-12 gilt dann mit Glg.(7-3) die Beziehung

$$\frac{l_f(z)}{u_{B,s}(z)} = \frac{T_G^*}{n_G! \, n_F!} \cdot \frac{1-z^{-n_G}}{(z-1)^2} \cdot \sum_{v_G=0}^{n_G-1} z^{-v_G} \cdot \sum_{v_F=0}^{n_F-1} z^{-v_F} \qquad (7-4)$$

Die obige Glg. ist aufgestellt für $z = e^{pT_G^*}$ und Abtastimpulse
mit der Fläche T_G^*. Für die Führungsbahngeschwindigkeit folgt
durch die Differentiation $u_{B,f}(z) = ((z-1)/T_G) l_f(z)$

$$\frac{u_{B,f}(z)}{u_{B,s}(z)} = \frac{1}{n_G! \, n_F!} \cdot \frac{1-z^{-n_G}}{z-1} \cdot \sum_{v_G=0}^{n_G-1} z^{-v_G} \cdot \sum_{v_F=0}^{n_F-1} z^{-v_F} \qquad (7-5)$$

Aus den Glg.(7-4) und (7-5) kann für beliebige $u_{B,s}(t)$ durch
ihre z-Transformation $l_f(z)$ und $u_{B,f}(z)$ und daraus durch eine
Rücktransformation $l_f(t)$ und $u_{B,f}(t)$ bestimmt werden.

Mit der Bedingung, daß die Laufzeit des Interpolationspro-
gramms kleiner als T_G^* ist, führt die Analyse der Glg.(7-5)
sowie Bild 7-13 zu einer mittleren Totzeit - Ersatztotzeit -
der Interpolation von

$$T_{t,I}' = T_{t,w}' + \frac{1}{2}(n_G+n_F)T_G^*. \qquad (7-6)$$

$T_{t,w}'$ ist der Mittelwert der Wartezeit $T_{t,w} = (0...1)n_G T_G^*$,
die vom Zeitpunkt der Änderung von $u_{B,s}(t)$ bis zur nächsten
Abtastung vergeht. Für $T_{t,w}'$ gilt daher:

$$T_{t,w}' = \frac{1}{2}n_G T_G^* \; .$$

Für den Fall der ACC-Bearbeitung kann somit für relativ lang-
same Regelvorgänge näherungsweise angegeben werden:

$$u_{B,f}(t) \approx u_{AC}(t-\frac{1}{2}(2n_G+n_F)T_G^*) \qquad (7-7)$$

Im Unterschied dazu ist für schnelle Änderungen von $u_{AC}(t)$,
insbesondere die Anschnittsteuerung, vom ungünstigsten Fall
auszugehen. Die Totzeit der Interpolation ist daher:

$$T_{t,I} = (n_G+1)T_G^* .\tag{7-8}$$

Nach dieser Totzeit beginnt sich die Änderung von $u_{AC}(t)$ auf $u_{B,f}(t)$ auszuwirken (s.Bild 7-13 d)). $T_{t,I}$ bewirkt beim Anschnitt einen Nachlaufweg

$$\Delta l_F(T_{t,I}) = T_{t,I}u_A,\tag{7-9}$$

zu dem ein weiterer Anteil hinzukommt, wenn entweder $n_G > 1$ oder $n_F > 1$ ist. Im <u>Bild 7-14</u> ist der gesamte Nachlaufweg $\Delta l_f(T_{t,I},n_G,n_F)$ beim Anschnitt aufgetragen.

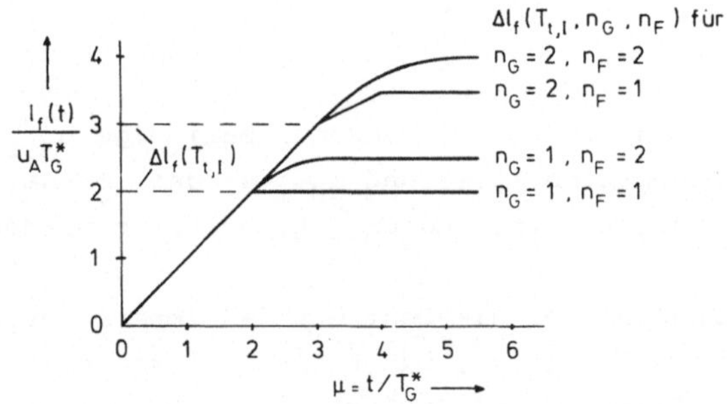

<u>Bild 7-14:</u> Nachlaufweg beim Anschnitt

7.3.1.3 Zweistufige Interpolation mit variablem Zeitraster des Grobinterpolators

Bei dieser Interpolationsart arbeitet der Grobinterpolator mit Wegelementen T_G = konst. und einem geschwindigkeitsabhängigen Zeitraster $T_G^*(t) = f(u_{B,s}(t))$. Die Wegelemente $\Delta \overline{l}_G$ sind Sehnenstücke der zu approximierenden Bahn $f_s(x,y) = 0$. <u>Bild 7-15</u> zeigt das Modell des Grob- und Feininterpolators sowie der Ermittlung der Abtastzeit $T_G^*(t)$ aus der Sollbahngeschwindigkeit. Die Übertragungsfunktionen $F_{G,2}(p)$, $F_{F,1}(p)$ und $F_{F,2}(p)$ sind identisch mit den in Bild 7-13 angegebenen Funktionen, jedoch ist jetzt der Exponent T_G^* eine Zeitfunktion. Das Zeitverhalten der Interpolation ist daher nichtlinear. Grundsätzliche Aussagen zum Zeitverhalten der

Interpolation nach Bild 7-15 sind möglich, wenn man die zwei
Fälle Anschnittsteuerung und Bearbeitung getrennt betrachtet.

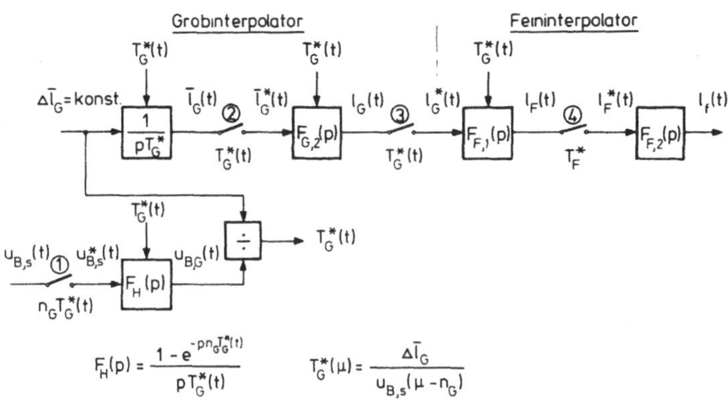

Bild 7-15: Modell einer zweistufigen Interpolation mit variablem Zeitraster des Grobinterpolators

1. Anschnittsteuerung. Die Abtastzeit $T_G^*(\mu)$ ist durch eine
Sollbahngeschwindigkeit, die vor der Wartezeit $T_{t,w} = n_G \cdot T_G^*(\mu)$
am Abtaster anstand, festgelegt. Ein Nullsetzen der Geschwindigkeit durch die Anschnittsteuerung bedeutet, daß nach der
Zeit $T_{t,w}$ die Abtastzeit theoretisch gegen Unendlich und somit die Übertragungsfunktion $F_{G,2}(p)$ und $F_{F,1}(p)$ gegen Null
gehen. Die Totzeit der Interpolation beim Anschnitt ist daher
näherungsweise allein durch die Wartezeit ($T_{t,I} = T_{t,w}$) bestimmt. Sie ist umso kleiner, je höher die Anschnittgeschwindigkeit u_A gewählt ist. Im Gegensatz zu Bild 7-14 gilt hier
für den Nachlaufweg

$$\Delta l_f(T_{t,I}) = u_A n_G T_G^*(u_A) \quad \text{mit } T_G^*(u_A) = \frac{\bar{l}_G}{u_A} \text{ ist}$$

$$\Delta l_f(T_{t,I}) = n_G \bar{l}_G \qquad (T_{t,I} = n_G T_G^*(u_A)). \qquad (7\text{-}10)$$

Er ist also unabhängig von u_A und T_G^*, wenn $u_{B,s} = u_A = konst.$
für mindestens n_G Abtastperioden ist.

2. ACC-Bearbeitung. Für ACC-Regelkreise, die den Hauptantrieb im Regelkreis enthalten, kann davon ausgegangen werden, daß die Regelvorgänge langsam gegenüber der Abtastzeit $T_G^*(t)$ sind. D.h., es ist die Näherung $T_G^*(\mu) \approx T_G^*(\mu - n_G) \approx T_G^* = $ konst. zulässig. In diesem Fall gehen die Strukturen in Bild 7-12 und Bild 7-15 ineinander über. Für die Ersatztotzeit $T_{t,I}'$ der Interpolation gilt damit entsprechend Glg.(7-6)

$$T_{t,I}'(u_{AC}) = T_{t,w}'(u_{AC}) + \frac{1}{2}(n_G + n_F) T_G^*(u_{AC}). \qquad (7-11)$$

7.3.1.4 Einstufige Interpolation

Einstufige Interpolatoren arbeiten mit einer im Vergleich zu den Kennkreisfrequenzen der übrigen Übertragungsglieder des technologischen Regelkreises hohen Interpolations- bzw. Abtastfrequenz. Ihr Totzeitverhalten kann daher hier in der Regel vernachlässigt werden ($T_{t,I} \rightarrow 0$).

7.3.2 Die Führungsgrößenbeeinflussung

Innerhalb numerischer Steuerungen erfolgt vielfach eine Beeinflussung der Führungsgrößen x_f, y_f durch eine Führungsgrößenglättung (Slope). Ihre Aufgabe ist es, die dynamischen Bahnabweichungen wie Bahnversatz, Überschwingen sowie die Beanspruchung mechanischer Übertragungsglieder zu reduzieren /20/. Da die Änderungen der Führungsbahngeschwindigkeit dabei mit einer begrenzten Beschleunigung, deren Grenzwert $a_{B,f,gr}$ ist (s.Abschnitt 3.2.2, Bild 3-5) erfolgen ($-a_{B,f,gr} \leq du_{B,f}/dt \leq$ $\leq a_{B,f,gr}$), übt die Führungsgrößenglättung vor allem bei der Anschnittsteuerung einen Einfluß auf den Abbremsvorgang aus. Bild 7-16 zeigt qualitativ einen Abbremsvorgang unter Berücksichtigung der Totzeit $T_{t,I}$ und der Beschleunigungsbegrenzung der Führungsgrößenerzeugung.

Der Abbremsvorgang ist bestimmt durch:

1. Einen „Laufzeitabstand" $\Delta l_{s-s'}$, der aus der Totzeit $T_{t,I}$ der Interpolation folgt. $\Delta l_{s-s'}$ ist dabei identisch mit

$\Delta l_f(T_{t,I})$ nach Glg.(7-9) bzw. Glg.(7-10).

2. Einen „Führungsabstand" /20/ $\Delta l_{s'-f}$.

3. Einen Schleppabstand Δl_{f-i}, der durch die Geschwindigkeitsverstärkung K_v der Lageregelkreise und die Sollge-
schwindigkeiten der Vorschubantriebe festgelegt ist /35/:

$$\Delta l_{f-i} = \sqrt{u^2_{x,s,VA} + u^2_{y,s,VA}} \, / K_v = u_{B,s,VA}/K_v \text{ für}$$

$$K_{v,x} = K_{v,y} = K_v.$$

4. Eine Überschwingweite $\Delta l_{\ddot{u}}$. Sie ist ebenso wie der Schleppabstand durch die Parameter der Lageregelkreise bestimmt
/35/.

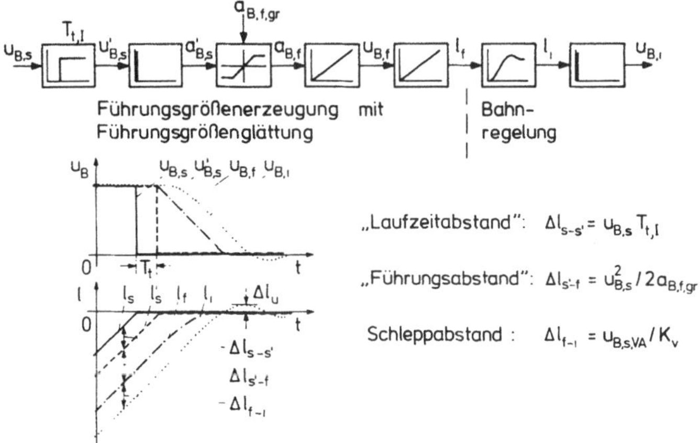

Bild 7-16: Abbremsvorgang unter Berücksichtigung einer Führungsgrößenglättung und einer Totzeit der Führungsgrößenerzeugung

7.3.3 Die Bahnregelung

Das Zeitverhalten der Bahnregelung mit den Übertragungsfunktionen $l_i(p) / l_f(p)$ bzw. $u_{B,i}(p) / u_{B,f}(p)$, je nach der betrachteten Zustandsgröße, ist bestimmt durch das Zeitverhalten
der an der Bahnbewegung beteiligten Lageregelkreise. Das Zeitverhalten der Lageregelkreise ist vielfach untersucht, z.B./35/,

und kann als bekannt betrachtet werden. Die Ergebnisse können
hier nur bedingt übernommen werden, da bei der ACC-Anwendung
das sonst nicht betrachtete Zeitverhalten der Bahnregelung
bei <u>gleichzeitiger</u> Änderung der Soll- bzw. Führungsbahngeschwindigkeit und der Bahnrichtung von Interesse ist. Die
oben genannten Übertragungsfunktionen sind daher nichtlinear.

<u>Bild 7-17a)</u> zeigt die Erzeugung der Istbahngeschwindigkeit
als Vektor aus den Führungsgrößen $u_{B,f}$ und α_f (Richtungswin-
kel der Führungsbahn), wobei die Lageregelkreise durch Ver-
zögerungsglieder erster Ordnung angenähert sind. Diese grobe
Näherung gestattet eine anschauliche Betrachtung des nichtli-
nearen Systems in der Zustandsebene und liefert grundsätzliche
Aussagen über sein Zeitverhalten. Das umgeformte System
(Bild 7-17b)) verdeutlicht die Kopplung der Größen $u_{B,f}$
und α_f, die auch dem zugehörigen Differentialgleichungssystem
zu entnehmen ist.

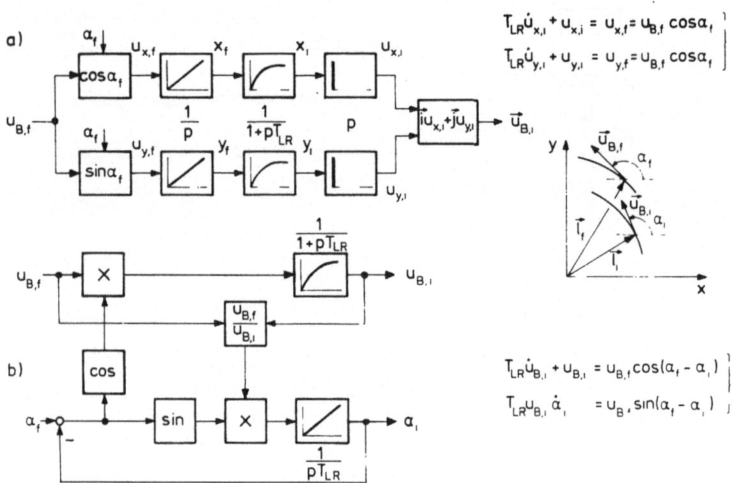

<u>Bild 7-17:</u> Die Bahnregelung

Einen Überblick über die Lösungen $u_{B,i}/u_{B,f} = f(\alpha_f - \alpha_i)$ des nichtlinearen Gleichungssystems aus Bild 7-17b) vermittelt die Darstellung in der Zustandsebene (<u>Bild 7-18</u>). Die Trajektorien beschreiben die Bewegung des Systems in seine Ruhelage (singulärer Punkt (0; 1)), wenn es aus dieser durch sprungförmige Änderung der Eingangsgröße $u_{B,f}$ oder α_f ausgelenkt wurde. Die Trajektorienschar ist mit 2π periodisch und bezüglich den Geraden $|\alpha_f - \alpha_i| = 0, \pi, 2\pi \ldots$ symmetrisch. Da auf der Ordinate der Betrag des Bahngeschwindigkeitsverhältnisses aufgetragen ist, genügt es die obere Halbebene zu betrachten. Für den technisch interessierenden Bereich der Bahnrichtungsänderungen $-\pi \leq (\alpha_f - \alpha_i) \leq \pi$ können für typische Bahnverläufe wie Ecke und Kreis aus Bild 7-18 die zugehörigen Istbahngeschwindigkeiten entnommen werden.

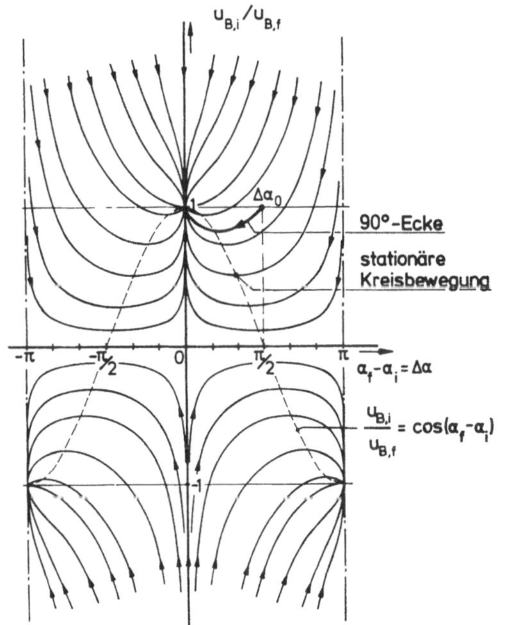

<u>Bild 7-18:</u>
Zustandsebene einer zweiachsigen Bahnregelung, deren Lageregelkreise durch PT1-Glieder angenähert sind

Beim Verfahren einer beliebigen Ecke mit konstanter Führungsbahngeschwindigkeit bewegt sich der Bahnpunkt, ausgehend von der Anfangsbedingung $u_{B,i}/u_{B,f} = 1$ und $\Delta\alpha_0 = (\alpha_f-\alpha_i)_0$, entlang der Trajektorie durch $(\Delta\alpha_0;1)$ bis zum Erreichen der stationären Bewegung in der Gleichgewichtslage $(0; 1)$. Die Trajektorien zeigen, daß mit zunehmendem Betrag der Richtungsänderung die Istbahngeschwindigkeit vorübergehend zunehmend abfällt, wobei für den Minimalwert die Näherung gilt:

$$\left.\frac{u_{B,i}}{u_{B,f}}\right|_{min} \approx \cos\frac{\Delta\alpha_0}{2} \qquad\qquad (7\text{-}12)$$

Das Verfahren einer stationären Kreisbahn - konstanter Radius und konstante Bahngeschwindigkeit - ist in Bild 7-18 durch einen Punkt auf der Cosinus-Funktion

$$\left.\frac{u_{B,i}}{u_{B,f}}\right|_{Kreis} = \cos(\alpha_f-\alpha_i) \text{ mit } \alpha_f-\alpha_i = \arctan\frac{T_{LR}\,u_{B,f}}{r_f},$$

welche die Minima der Trajektorien verbindet, wiedergegeben.

Die obigen Beziehungen sowie Bild 7-17 und Bild 7-18 lassen folgende Schlüsse zu:

1. Die Richtungsänderung führt zu einer Verminderung der Verstärkung der Übertragungsfunktion $u_{B,i}(p)/u_{B,f}(p)$. Sie hat keinen Einfluß auf die Zeitkonstante der Bahnregelung. D.h., das Zeitverhalten der Bahnregelung ist, wenn man von der Verstärkungsänderung absieht, durch das Zeitverhalten eines Lageregelkreises beschreibbar.

2. Die Änderung der Führungsbahngeschwindigkeit übt bei gekrümmten Bahnen einen Einfluß auf die Bahnrichtung aus. Hier stellt sich daher die Frage, inwieweit der ACC-Einsatz auf Bahnabweichungen einwirkt.

7.4 Einfluß des Zeitverhaltens der Bahnsteuerung auf den Anschnittvorgang

Das Einleiten des Abbremsvorgangs durch Nullsetzen der Sollbahngeschwindigkeit im Moment der Anschnitterkennung - „normale" Anschnittsteuerung - hat folgende Kennzeichen:

- die Totzeit des Interpolators ist voll wirksam,
- der Positioniervorgang wird nicht beeinflußt (Führungsgrößenglättung, Schleppabstand) und
- eine zeitoptimale Steuerung ist nicht möglich, da der Stellbereich der Sollbahngeschwindigkeit auf einen Quadranten beschränkt ist.

Die gesamte Anschnittweglänge l_A setzt sich daher aus den folgenden Anteilen zusammen (<u>Bild 7-19</u>):

$$l_A = \Delta l_{s-s'} + \Delta l_{s'-f} + \Delta l_{f-i} + \Delta l_{ü} \qquad (7-13)$$

Die Beziehungen für die ersten drei Summanden ist in Abschnitt 7.3.2 angegeben. Der Überschwinganteil $\Delta l_{ü}$ /20/ sowie der „Führungsabstand" $\Delta l_{s'-f}$ und der Schleppabstand sind in Bild 7-19 wiedergegeben.
Der „Laufzeitabstand" $\Delta l_{s-s'} \equiv \Delta l_f(T_{t,I})$ ist dem Diagramm in Bild 7-14 zu entnehmen.

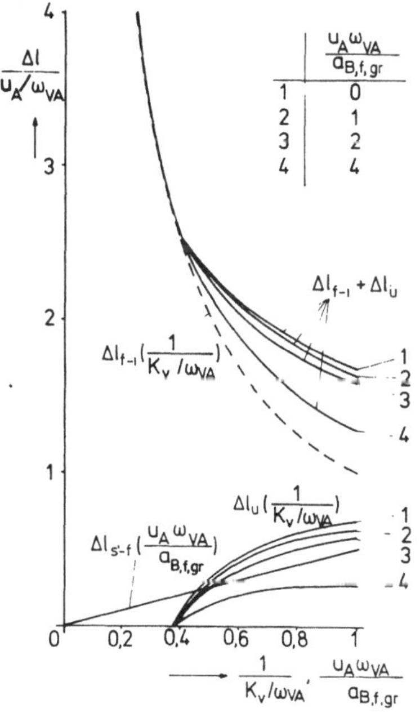

<u>Bild 7-19:</u>

„Führungsabstand" $\Delta l_{s'-f}$, Schleppabstand Δl_{f-i} und Überschwingweite $\Delta l_{ü}$ beim Abbremsvorgang

Die Anschnittgeschwindigkeit u_A kann aus dem Wert für l_A
nach Glg.(7-13), der Interpolatortotzeit $T_{t,I}$ nach Glg.(7-8)
bzw. (7-10) sowie der Anwendung der in /21/ dargestellten
Diagramme ermittelt werden. Gleichzeitig sind die Ausführungen im Abschnitt 4.4 - kritischer/unkritischer Anschnitt -
zu berücksichtigen.

7.5 Einfluß des Zeitverhaltens der Bahnsteuerung auf die ACC-Bearbeitung

Den Ausführungen in den Abschnitten 7.3.2.1 und 7.3.1.3 ist
zu entnehmen, daß die zweistufige Interpolation ein Totzeitverhalten mit der Ersatztotzeit $T'_{t,I}$ zeigt. Das folgende Zah-
lenbeispiel für eine zweistufige Interpolation mit festem
Zeitraster T^*_G = 20 ms und den Interpolationsordnungen
$n_G = n_F = 1$ führt nach Glg.(7-6) zu:

$$T'_{t,I} = \frac{1}{2}T^*_G + \frac{1}{2}(1+1)T^*_G = 30 \text{ ms}$$

Für eine Spindeldrehzahl n_{Sp} = 1000 min^{-1} besitzt der Zerspanprozeß nach Glg.(4-13) eine Ersatztotzeit von

$$T'_{t,Z} = T_{Sp}/2 = 30 \text{ ms.}$$

Nimmt man weiterhin für die Bahnregelung T_{LR} = 10 ms und für
den Hauptantrieb T_{HA} = 40 ms an, so wird deutlich, daß die
Totzeit $T'_{t,I}$ nicht zu vernachlässigen ist.

Um den prinzipiellen Einfluß der Totzeit der Führungsgrößenerzeugung auf das Regelverhalten des technologischen Regelkreises zu zeigen, wurde der in <u>Bild 7-20</u> dargestellte Regelkreis simuliert. Die Regelstrecke wurde durch einen Abtaster
T^*_a und ein Halteglied zur angenäherten Wiedergabe des Zeitverhaltens der Führungsgrößenerzeugung und durch ein PT2-
Glied nachgebildet. Die Regeleinrichtung hatte die Reglerstruktur nach Bild 5-7 mit „direkter Anpassung" der Reglerverstärkung an die Streckenverstärkung. Das Modell der Regelstrecke wurde wahlweise mit der und ohne die Nachbildung der
Führungsgrößenerzeugung realisiert.

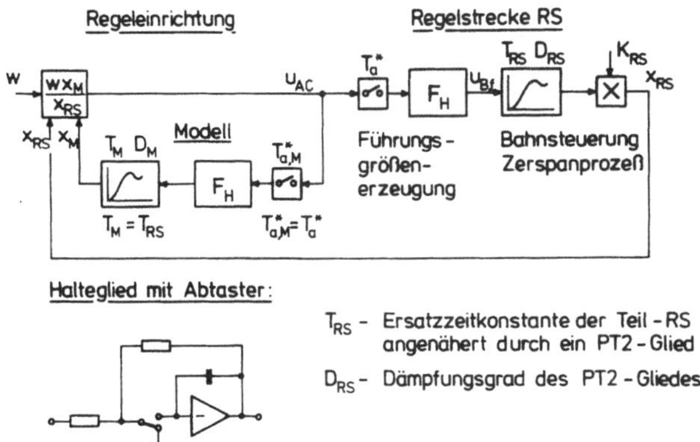

__Bild 7-20:__ Signalflußbild des simulierten technologischen
Regelkreises mit Berücksichtigung des Zeitverhaltens der Führungsgrößenerzeugung

Das Simulationsergebnis zeigt (__Bild 7-21__), daß bei Nichtbe-
rücksichtigung der Totzeit der NC innerhalb der Regeleinrichtung ab einem Verhältnis $T_a^*/T_{RS} > 1$ mit wachsendem
T_a^*/T_{RS} das Führungs- und Störverhalten des Regelkreises zunehmend schlechter wird und zum grenzstabilen Schwingen führen kann.

Als eine geeignete Gegenmaßnahme erweist sich die Erweiterung des Modells der Regelstrecke durch ein Modell der Führungsgrößenerzeugung. Das Modell kann sehr einfach durch Halteglieder realisiert werden, deren Abtaster durch die Abtastfrequenz des Interpolators synchronisiert ist.

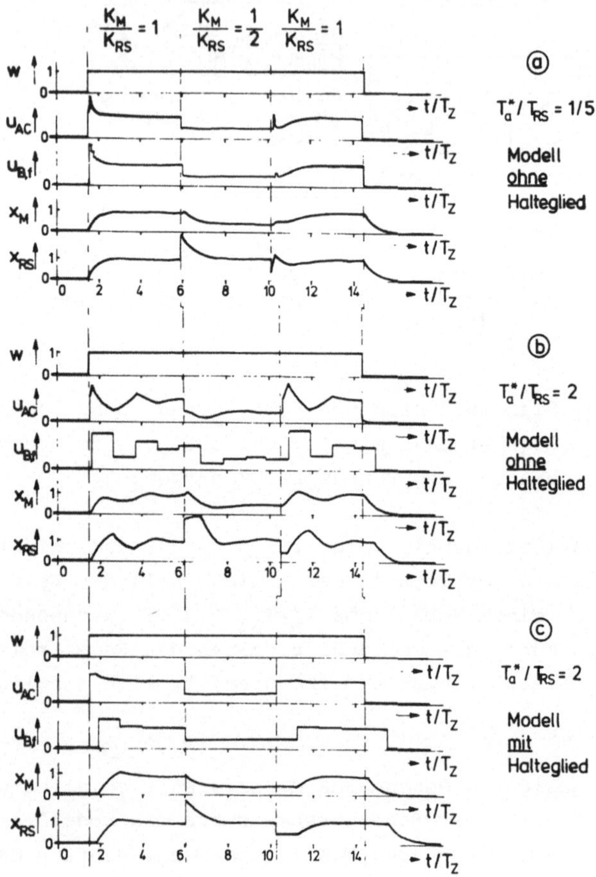

Bild 7-21: Führungs- und Störverhalten des technologischen Regelkreises nach Bild 5-21

7.6 Einfluß der technologischen Regelung auf die Bahnbewegung und Bahnabweichungen

Eine wesentliche Aussage im Abschnitt 7.3.3 war, daß die Änderung der Führungsbahngeschwindigkeit bei einer gekrümmten Bahnbewegung einen Einfluß auf die Bahnrichtung ausübt. Neben den allgemein betrachteten Ursachen für Bahnabweichungen, die z.B. in /35/ genannt sind, kann also bei der ACC-Bearbeitung als weitere Ursache die veränderliche Bahngeschwindigkeit auftreten (Bild 7-22). Die folgenden Aussagen stellen eine

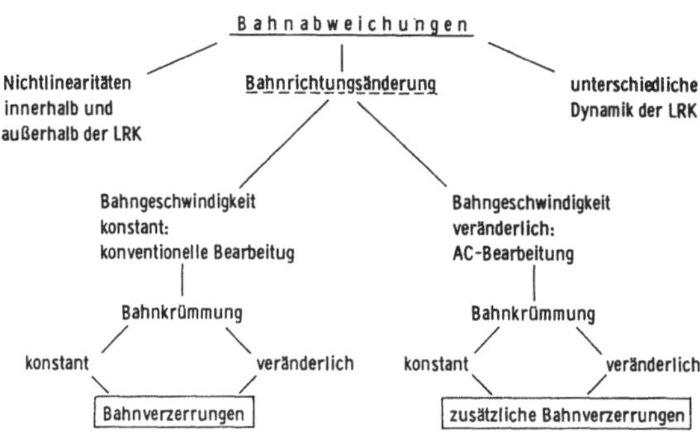

Bild 7-22: Ursachen für Bahnabweichungen an numerisch gesteuerten WZM (LRK...Lageregelkreis)

grobe Abschätzung des Einflusses von ACC auf Bahnabweichungen, die unmittelbar aus Abschnitt 7.3.3 folgen. Dies genügt den Erfordernissen, da bei der ACC-Bearbeitung (Schruppen) Bahnfehler von untergeordneter Bedeutung sind.

Das Verfahren mit konstanter Anschnittgeschwindigkeit während des „Leerschnitts" unterscheidet sich vom konventionellen Bearbeiten lediglich durch die meist wesentlich höhere Bahngeschwindigkeit. Bezüglich der auftretenden Bahnabweichungen während des Anschnittvorgangs sind daher die in der Literatur /35/ gefundenen Zusammenhänge zwischen der konstanten Führungsbahngeschwindigkeit, der Richtungsänderung und den Bahnabweichungen anzuwenden und die Anschnittgeschwindigkeit gegebenenfalls so zu wählen, daß vorgegebene Toleranzen nicht überschritten werden.

Zum Unterschied hierzu können bei der Betriebsart „Regelung" Bahnverzerrungen auftreten durch:

- Änderung der Führungsbahngeschwindigkeit bedingt durch die technologische Regelung beim Bearbeiten entlang einer gekrümmten Bahn (Krümmung konstant oder sich nur geringfügig ändernd: Kreis, Parabel),
- Änderung der Führungsbahngeschwindigkeit durch starke Änderung der Bahnkrümmung (Eckenfahren) bei konstanten Spanungsbedingungen und
- Überlagerung der beiden genannten Einflüsse.

Im ersten der genannten Fälle kann die Bahnverzerrung nur dann zu nennenswerten Bahnabweichungen führen, wenn die Vorschubgeschwindigkeit hohe Werte annimmt. Das folgende Beispiel einer Kreiserzeugung der Bahnregelung nach Bild 7-18 ergibt eine Bahnabweichung von

$$A_B = |r_f - r_i| = |r_f(1 - \frac{1}{\sqrt{1 - (T_{LR} u_{B,f} / r_f)^2}})| \approx 6,7 \cdot 10^{-3} \text{ mm}$$

mit T_{LR} = 20 ms, r_f = 10 mm und $u_{B,f}$ = 1 m/min,

und verdeutlicht, daß in diesem Geschwindigkeitsbereich die Bahnabweichungen vernachlässigbar klein sind.

Im zweiten der genannten Fälle sind Vorgänge angesprochen wie sie nach Bild 7-19 beim Eckenfahren gegeben sind. Die dabei entstehende Verminderung der Istbahngeschwindigkeit nach Glg.(7-12) führt, wenn man konstante Spanungsbedingungen voraussetzt und das Zeitverhalten des technologischen Regelkreises als reaktionsschnell genug annimmt, zu einer Erhöhung von $u_{B,i}$ und somit zu einer erhöhten Bahnabweichung. Das Zeitverhalten des Spanungsprozesses, des Hauptantriebs und der Bahnsteuerung selbst verhindert jedoch den Ausgleichsvorgang,

so daß dieser Effekt gar nicht oder nur abgeschwächt auftreten kann.

Zusammenfassend kann daher bezüglich zusätzlicher Bahnabweichungen bei der ACC-Bearbeitung ausgesagt werden, daß lediglich in der Betriebsart „Anschnittsteuerung", in der mit einer hohen Bahngeschwindigkeit verfahren wird, mit erhöhten
Bahnabweichungen während des Anschnittvorgangs zu rechnen ist.
Maßgebend hierfür ist die Höhe der Anschnittgeschwindigkeit.

Zusammenfassung und Folgerungen für die ACC-Anwendung

Für den Einsatz eines ACC-Systems an numerisch gesteuerten
WZM sind die Probleme der Eingabe, Adressierung und Programmierung der VGI dargestellt. Aus den zu unterscheidenden
Möglichkeiten der Adressierung - Einzel-, Gruppen- und kombinierte Adressierung - sowie der Programmierung - innerhalb/
außerhalb des NC-Programms - folgen verschiedene Lösungen
für Koppelelemente zwischen der NC und der ACC-Einrichtung.

Die Beeinflussung der Bahngeschwindigkeit durch die ACC-Einrichtung ist so zu wählen, daß auf dem Datenträger ein Wert
für die konventionelle Bearbeitung zur Verfügung steht, wodurch ein direktes Umschalten der Betriebsart mit/ohne ACC
möglich ist oder seine Programmierung entfallen kann. Die
Eingriffsmöglichkeiten sind dargestellt und ihre Vor- und
Nachteile diskutiert.

Einen wesentlichen Einfluß auf das Zeitverhalten im technologischen Regelkreis übt die Führungsgrößenerzeugung aus, wenn
der Interpolator zweistufig ausgeführt ist. Es sind Modelle
der Interpolation mit festem und variablem Zeitraster entwickelt und untersucht und ihr Einfluß zusammen mit einer
Führungsgrößenbeeinflussung auf die Anschnittweglänge sowie
die technologische Regelung dargestellt.

sie den Hauptanteil an der Schruppbearbeitung aufzubringen
hatten. Der erste Anwendungsfall stellt ein Beispiel für den
ACC-Einsatz an einer Mehrstück-, Mehrweg- und Mehrschnittbearbeitung dar (s.Abschnitt 2.2). Die hierbei grundsätzlich
mögliche simultane Bearbeitung zweier gleicher Werkstücke
wurde nicht realisiert, da für vergleichende Untersuchungen
und Demonstrationszwecke nur eine Maschinenseite für die
ACC-Bearbeitung umgerüstet wurde /29,37/. Der zweite Anwendungsfall ist ein Beispiel für die Mehrweg- und Mehrschnittbearbeitung. Die in Bild 8-1 gezeigten Werkstücke stellen
Bearbeitungsbeispiele dar, an denen anläßlich von Werkzeug-
maschinenausstellungen die Vorteile der ACC-Anwendung demon-
striert wurden. Die Bearbeitungszeiten konnten bis zu 50 %
reduziert werden /29/. Die Schnittstellen zwischen der Ma-
schinensteuerung und der ACC-Einrichtung sind durch das
Bild 6-1 beschrieben. Die werkzeug- und bearbeitungsabhängigen VGI wurden an einzelnen den Revolverstellungen zugeordne-
ten Einstelleinheiten vorgegeben (<u>Bild 8-2</u>). Da die Drehautomaten jeweils mit Drehstromhauptantrieben ausgerüstet waren,
erfolgte die Erfassung der Meßgröße Leistung nach Bild 4-7a).
Für die Anschnitterkennung wurde im zweiten Anwendungsfall
ein auf dem Revolverschlitten montierter Beschleunigungsaufnehmer eingesetzt. Dadurch war es möglich den Schnittbeginn
dieses Schlittens zu erfassen, unabhängig davon, ob die Werkzeuge des Querschlittens im Schnitt oder außer Schnitt waren.

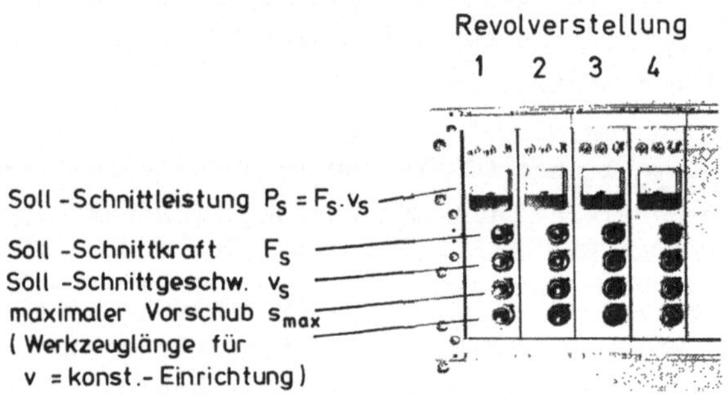

<u>Bild 8-2:</u> ACC-Einstelleinheit für werkzeug- und bearbeitungs-
abhängige VGI

Im dritten Anwendungsbeispiel, der NC-Bearbeitung als Einweg-
und Einschnittbearbeitung, ist die Eingabe der VGI wahlweise
über eine Einstelleinheit oder das NC-Programm möglich. Es
wurde die Eingabe der VGI innerhalb des NC-Programms
(s.7.1.2.1) und im Vorspann des NC-Programms (s.7.1.2.2) ge-
testet. Hierbei zeigte es sich, daß für WZM, die wie im vorliegenden Fall mit einem Werkzeugspeicher ausgerüstet sind,
die zuletzt genannte Eingabeart vorzuziehen ist, da die VGI
für alle Werkzeuge, die wiederholt in Einsatz kommen, nur
einmal und in einem Block zu programmieren sind. Bild 8-3
zeigt als Beispiel Ausschnitte aus einem NC-Programm, bei dem
innerhalb der ersten vier Sätze die VGW für zwei Werkzeuge
programmiert sind. Unter den Adressen I20 sind die Soll-
schnittkräfte $F_{S,s}$, unter den Adressen K20 die maximalen Vor-
schübe s_{max} und unter I21 die Sollschnittgeschwindigkeiten
$v_{S,s}$ programmiert. Die letzten beiden Dekaden geben den Wert
der jeweiligen Größe an, wobei die Zahl 99 dem Wert 99 % des
Maximalwerts nach Abschnitt 5.1 entspricht. Da die Beeinflussung der Bahngeschwindigkeit nach dem Prinzip ④ in Bild 7-7

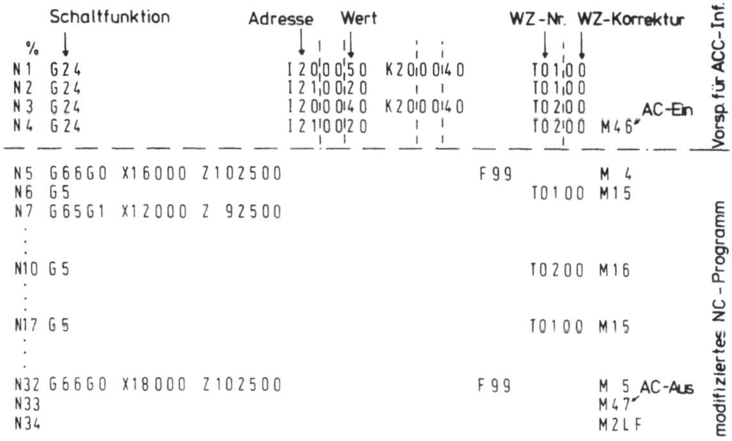

```
      Schaltfunktion        Adresse    Wert                  WZ-Nr. WZ-Korrektur
  %      ↓                   ↓   ↓                               ↓    ↓
  N1  G24                  I20 00 50   K20 00 40              T01 0 0
  N2  G24                  I21 00 20                          T01 0 0
  N3  G24                  I20 00 40   K20 00 40              T02 0 0           AC-Ein
  N4  G24                  I21 00 20                          T02 0 0  M46
  ────────────────────────────────────────────────────────────────────────
  N5  G66G0  X16000  Z102500                            F99            M 4
  N6  G5                                                       T0100  M15
  N7  G65G1  X12000  Z 92500
   .
   .
  N10 G5                                                       T0200  M16
   .
   .
  N17 G5                                                       T0100  M15
   .
   .
  N32 G66G0  X18000  Z102500                            F99            M 5  AC-Aus
  N33                                                                  M47
  N34                                                                  M2LF
```

Bild 8-3: Auszüge aus einem NC-Programm mit der Eingabe der
          VGI im Vorspann des NC-Programms (Adressbuchstaben
          s. DIN 66025 /38/)

erfolgt, entfällt hier - bis auf den Eilgang F99 - die Programmierung einer Vorschubgeschwindigkeit. Zusätzlich entfällt die Programmierung der Drehzahl (S-Wort), da in das ACC-Gerät eine v = konst.-Einrichtung integriert ist, die den unter der Adresse I21 programmierten Wert $v_{S,s}$ als Sollwert benutzt. Die Erfassung der Kenngröße Leistung erfolgt über den Hauptantrieb mit Leonard-Umformer nach dem in Bild 4-7b) gezeigten Prinzip. Für die Anschnitterkennung ist ein Beschleunigungsaufnehmer eingesetzt, der auf dem Werkzeugspeicher montiert ist.

9 Zusammenfassung

Die Entwicklung einer ACC-Einrichtung für WZM mit unterschiedlichen Steuerungsarten sowie für Bearbeitungsprozesse mit
einem oder mehreren Werkzeugen, die von einer oder mehreren
Vorschubeinheiten bewegt sein können, bedarf der Analyse
der Steuerungsarten und des Bearbeitungsprozesses als Mehr-
weg- und Mehrschnittbearbeitung.

Es werden daher die wesentlichen Merkmale der an WZM eingesetzten Steuerungen zusammengestellt. Von besonderer Bedeutung sind die Steuerung der Vorschubbewegung sowie die In-
formationsspeicherung und Verarbeitung. Hieraus ergeben sich
Rückschlüsse für die Möglichkeiten der Eingabe und Speicherung der ACC-Vorgabeinformationen, der Beeinflussung der Vorschubgeschwindigkeit, des Zeitverhaltens der Steuerung der
Vorschubbewegung im technologischen Regelkreis sowie die
Schnittstellen zur ACC-Einrichtung.

Die Annahme der Mehrweg- und Mehrschnittbearbeitung als den
„allgemeinen Fall der Bearbeitung", bedarf der Betrachtung
der Zusammenhänge zwischen der ACC-Stellgröße und den möglichen Bearbeitungsprozeß-Kenngrößen. Hierzu ist ein Modell entwickelt, welches das Zeitverhalten dieses Bearbeitungsprozesses im technologischen Regelkreis beschreibt. Als ein brauchbares Meßverfahren zur Erfassung der Kenngröße des Bearbeitungsprozesses Leistung bzw. Drehmoment erweist sich die Messung der elektrischen Größen Spannung und Strom des Hauptantriebs. Da dynamische Änderungen im Spanungsprozeß über den
Hauptantrieb nur bedingt zu erfassen sind, ergibt sich zum
einen die Notwendigkeit, eine „kritische und eine unkritische
Bearbeitung" zu unterscheiden, und zum anderen, einen besonderen Anschnittsensor einzusetzen.

Es wird die Struktur einer ACC-Einrichtung aufgezeigt, die
den Erfordernissen der Steuerungen und des Bearbeitungspro-

zesses genügt. Der Forderung nach einer einfachen Inbetrieb-
nahme und Bedienung wird durch eine geeignete Wahl der
Schnittstelle zum Fertigungssystem und eine Einteilung der
ACC-Vorgabeinformationen entsprochen.

Die Betrachtung des Zusammenwirkens der ACC-Einrichtung mit
konventionell gesteuerten WZM zeigt eine günstige Einfluß-
nahme der technologischen Regelung auf das einachsige und
das „quasi-zweiachsige" Nachformen.

Der Einsatz der ACC-Einrichtung an NC-WZM bedarf einer besonderen Berücksichtigung des Zeitverhaltens der Führungsgrößenerzeugung, wenn diese zweistufig realisiert ist. Die entwik-
kelten Modelle der Führungsgrößenerzeugung erlauben allgemeine Aussagen zum Einfluß der Interpolationsarten, Interpolationsstufen und des Interpolationsrasters auf die technologische Regelung und die Anschnittsteuerung. Aus einer Darstellung der Bahnregelung in der Zustandsebene kann der Einfluß
der veränderlichen Bahngeschwindigkeit auf die Bahnerzeugung
und Bahnabweichungen abgeschätzt werden.

Für die Eingabe der ACC-Vorgabeinformationen sind an NC-WZM
verschiedene Möglichkeiten gegeben. Diese werden gegenüber-
gestellt und die Realisierung von Koppelelementen aufgezeigt.
Desgleichen werden für die Beeinflussung der Bahngeschwindigkeit unterschiedliche Lösungen diskutiert.

Die Ausführungen können als Entscheidungshilfe bei der Entwicklung einer ACC-Einrichtung, der Wahl und Realisierung
der Schnittstellen zum Fertigungssystem, der Auswahl einer
geeigneten Kenngröße und ihrer Erfassung sowie der Abschätzung der zu erwartenden Auswirkung auf die Bahnerzeugung dienen.

In Vorbereitung:

ISW 28: P.B. Osofisan, Verbesserung des Datenflusses beim fünfachsigen NC-Fräsen, ca. 104 S., 1979

ISW 29: J. Berner, Verknüpfung fertigungstechnischer NC-Programmiersysteme, ca. 101 S., 1979

ISW 30: K.-H. Böbel, Rechnerunterstützte Auslegung von Vorschubantrieben, ca. 112 S., 1979

Springer-Verlag
Berlin · Heidelberg · New York